汉竹主编●健康爱家系列

李韬 著

蔬食真味

汉竹图书微博
http://weibo.com/hanzhutushu

读者热线
400-010-8811

江苏凤凰科学技术出版社
全国百佳图书出版单位

序

　　第一次见李韬，是和朋友在Dee蔬食·茶空间吃饭的时候。他一个人静静地坐在门口的茶席后面泡茶，动作不疾不徐，仿佛和吃饭的我们是两个时空的人。

　　临走时，外面正好下起了雨，等车的间隙，有机会和他聊起来。得知他也是一名素食者，还是素食星球的粉丝，瞬间拉近了我们之间的距离。他的口音还带着一丝乡音，言谈中既有北方汉子的爽快，又有茶人的谦和细腻。

　　后来，因为合作，我们有了更多的接触，才逐渐知道他不仅爱茶，懂吃，还写得一手好文章。

　　作为一个在新疆出生长大的湖北人，我向来搞不清自己到底算作新疆人还是湖北人。在外生活多年，口味也越来越融合。所以，读到李韬看见糜子的忧伤，收到炒琪的亲切，吃荞面灌肠的泪奔，我有些莫名的感动。

　　食物，是记忆，是文化，是故乡，也是生活。不妨跟着李韬的文字，去看看饮食人情，窥见美食背后的文化。看得流口水了，就洗洗手，去厨房烧个番茄口蘑烫饭，在腾腾的热气中就着乡愁下肚。

素食星球创始人Hazel（张思）

素食星球：一种潮流美食生活方式
一个全球素食爱好者的社区

目录

壹

时年
至味

贰

蔬食寻源

叁

素味江湖

肆

禅心
与茶

壹

时年至味

糜子
悠悠迷思

糜子，也就是黍，俗称"黄米"，在山西读作"迷子"，我在电脑里打不出来，才发现原来正确的发音是"梅子"。糜子在山西，常见的是做炸糕；在北京，做成的食物也并不算冷僻，面茶是也。

我父母从山西迁居大理，一切皆合心意，唯独思念两种东西——太原的豆腐干和炸糕。太原的炸糕黄澄澄的，表面还炸出一层小泡泡，馅心一般都是豆沙大枣的，吃起来先是黏黏的糜子面的香气，然后是大枣的浓香和甜美细腻的豆沙，确实让人难忘。

小时候，偶尔家里做糜子米饭。黄澄澄的一碗，比较黏，吃起来很顶饿，但是又不像糯米那么难消化，身体感觉比较舒服。饭店里爱做的是黄米凉糕。就是糜子直接蒸熟了，放凉切成块，浇上猪油化开的糖汁儿。后来演变的形式比较多，比如糜子八宝饭，上面摆放很多蜜枣果脯；也有和糯米混蒸的，下面糯米上面糜子，黄白相间再垫绿叶为底，色彩更加漂亮。

糜子做成的食物在北京也有，而且并不算冷僻，面茶是也。面茶是用糜子面熬成的，上面再加上芝麻酱。讲究"哧溜"着转圈喝，也不用勺。我爱吃面茶，开始以为是炒面做的，想尝个新鲜，喝了一口，立刻明白这熟悉的味道，是白面怎么也表现不出来的。这几年《舌尖上的中国》火了，也捧红了陕西的黄馍馍，北京有一家连锁餐厅专门卖这个，我尝了尝，方知也是糜子面做的。

很多人没见过糜子，糜子也很容易和小米混淆。在田地里谷子成熟以后就是小米，谷子的穗是紧紧的一串，而糜子的穗是分散的一串。去掉谷壳，小米是比糜子小的。糜子又分硬糜子和软糜子，色泽上不一样，硬糜子颜色黄中带褐灰，软糜子是金子般的黄亮。两者口感也不一样，软糜子有黏性，软软的。做糕面、糜子饭都是用软糜子。硬糜子我没怎么吃过，印象里好像我们山西太原也很少吃这个，听说五台山有一种糜子凉粉，似乎是用硬糜子做的。

《诗经》里大部分的诗歌我是看不懂的，但是对《王风·黍离》这首，却有感同身受的忧伤——"彼黍离离，彼稷之苗。行迈靡靡，中心摇摇。知我者，谓我心忧；不知我者，谓我何求……"那高处跌落的王者，看着摇动的黍米，心中充满无奈的感伤。

而我这个山西的游子，对糜子也是念念不忘，每次看到黍米做成的食物，表面欣喜，内心泛起离殇。我们这一代人从家乡到了北京、上海、广州、深圳这样的大城市，在年轻时打拼，在中年时感伤。年轻时从故乡连根拔起，老去时，又有何枝可依？叶落归根，根已不在，这种莫名的忧伤，让我看到一切和故乡有关的食物都心潮难平。

传统黄米面卷

竹笋

邂逅一场美好的缘分

我读书的时候，课业比较紧张，所在的学院虽然不大，然而有个藏书很多的图书馆，那是我最爱去的地方。课余时间认识了几个要好的外系同学，其中有一位是浙江慈溪人，于是暑假我从太原到杭州再去慈溪找他玩。

同学这种关系与踏入社会后的人情世故相比，彼此间的感情更为真挚，我这位同学对人尤其热情。时隔多年，我还能记得他带我去看戚继光抗倭的炮台，也还记得他的母亲是位梳着发辫的朴实妇人，烧得一手好菜。记得餐桌上的黄泥螺和各种海鲜，也是在那，我第一次品尝到南方的那种白年糕。

那天，我跟同学到街上去吃早饭，忘了那天主要点了什么，倒是因为一碗汤惊诧了一下，所以至今记得。我们山西人的汤，好像从没有只用开水一冲就能喝的，凡食材都需要熬煮。那天我同学要了一碗汤，却见他拿了一只空碗，撒了点什么东西进去，然后提个暖瓶倒入开水，一会儿就可以喝了。我觉得这简直是大变活人的奇事，便也要过来尝了几口，居然还十分好喝，问了我同学，才知道这个可以冲汤的食物叫作"笋干菜"。

从那之后，我就爱上了吃竹笋。有鲜笋的时候，就吃鲜笋，没有鲜笋，就吃天目山的笋干。苏东坡说过，"宁可食无肉，不可居无竹"，我觉得这不仅是种精神境界，而且是他真的懂竹子——那是天地间的灵气汇聚，人在竹子旁边，自然就清了、静了。而竹笋，更是包裹着这团天地灵气，自然不凡。

我吃竹笋，尤其爱春笋，那种特有的麻和一点点的涩，在舌尖萦绕，很是受用。做法喜欢清淡的，比如把笋片和鲜甜的小蜜豆同炒，象牙微黄，点点碧珠，脆嫩喜人。我师父通贤法师喜欢浓郁的做法，他喜欢油焖的，就更入味一些。

竹笋其实可食用的时间并不多，因为它会长得很快。只要水分足够，有的竹笋一晚上可以长一两尺，可能是因为幼嫩的竹笋很容易被吃掉、碰伤，它必须抓紧时间长大，直到成为坚硬的竹子，才会放慢速度，让自己安心地成长。所以，能够吃到竹笋是一种美好的缘分呢，就认认真真地享用吧。

笋干菜

笋干菜的主料是雪里蕻和笋。先将雪里蕻用盐腌渍成咸菜，再把毛竹笋除去笋壳及根须后切成片，放入沸水锅中焯一遍以除去涩味，捞出冲洗干净，然后将泡雪里蕻的汁水与笋片同煮，焖干收汁，再与雪里蕻咸菜同煮，二次收干汁水时起锅，摊晾四五天直至完全晒干后即成。

春笋　冬笋
━━━━
竹　笋干菜

● 春笋：立春后破土而出的笋，笋体肥大，肉质鲜嫩，被誉为"菜王""山八珍"之一，颜色越白品质越好。

● 冬笋：立秋后采收的笋。冬笋和春笋在外形上很好区分，冬笋短粗，春笋细长，这是最明显的区别。

● 竹：苏东坡说过，"宁可食无肉，不可居无竹"，竹子汇聚天地间的灵气，与竹为伴，人自然就清、静。

● 笋干菜：竹笋的季节性很强，又不容易储存。在没有鲜笋的时节，哪怕白开水冲一碗笋干菜汤，对舌尖来说也是一种犒赏。

全素 油焖竹笋

竹笋 📍四川

主料 | 竹笋

调料 | 白糖、老抽、花生油或茶油

做法

1. 竹笋剥壳，切滚刀块，洗净。

2. 笋块焯水捞出，以减少涩味，之后再煮三四分钟。

3. 锅里下花生油，条件允许的话用茶油会更香，爆炒笋块，使其表面略微失水，即下老抽，继续翻炒，直至笋块被老抽的颜色包裹均匀。

4. 锅中倒入热水，没过笋块，撒一点白糖焖煮，收干汁水即可出锅。

·食客·

　　每次去四川，都喜欢尝一尝用笋做的菜肴，这一次，品尝到蔬食馆里的油焖竹笋，无比感恩。学竹学空心，寻味爱清欢，油焖竹笋里可是满满的真意，于我，心和胃都是修行。

——孟献威

弘艾书院创始人、"针灸泰斗"谢锡亮教授亲传弟子

酱油炒饭

活在记忆里的味道

我五六岁的时候·"被丢过"，之所以加引号，是因为导演这场丢孩子戏的人竟然是我自己。大多数人对年幼时闯的祸都记忆深刻，而父母"棒喝"之后的那顿饭，仿佛是这世上再也吃不到的美味。

我和哥哥跟着我妈去儿童公园玩，在公园里我们哥俩要上厕所，让我妈在外面等着。据说后来我妈看见个卖水果的，转身去买水果，就这一会儿工夫，我们哥俩从厕所出来了，可是没看见她，于是就在附近找。我妈买完水果还在厕所门口等了一小会儿，觉得不对，让一位大哥帮忙进去看看，结果厕所里没人。她当时就急疯了，先在附近叫我们的名字，然后又冲进公园广播室广播找人。

我和哥哥没找到妈妈，仿佛也没有太着急，我跟我哥说，干脆咱们回家吧。我拉着我哥，跟着回家方向的电车走，后来没电车了，就看着头上的电线走，走到家附近，又抄了段小路。走了一个多小时到家了，我和我哥在屋里的大床上玩，大床在窗户边，能看到屋外小院子的动静。眼瞅着天快黑了，我妈还没回家，而奶奶已经在做晚饭了。

我妈当年留着及腰的两条大辫子，而且是个好脾气的人，当了好多年老师都没跟学生红过脸。结果那天我妈回家，发辫全散了，好像头上还有草，我奶奶正从他们屋出来，我妈抱着奶奶呜呜直哭，说："妈，我把孩子丢了，俩孩子都丢了！"我奶奶赶紧安慰她说："没有啊，俩孩子都在屋里呢。"

我妈就像火箭一样冲进屋，我和哥哥还没叫出口，就被扫炕笤帚一人给了一下。接着，我妈抱着我俩哇哇哭，抱的劲特别大，我都快窒息了，只好小声说："妈，我饿。"

当天没顾上买菜，奶奶送过来几碗菜，我妈炒了前一天剩下的米饭。那时候也没有三文鱼、基围虾什么的，就算有也买不起，但是那天的炒饭真是特别好吃，食材很简单，就是葱花、酱油还有鸡蛋。我妈吃一会儿，捧着碗哭一会儿，虽然那顿饭很好吃，但我和我哥都没怎么吃饱。

后来也在很多酒楼点过酱油炒饭，但总觉得味道不够浓郁，这不仅关于记忆，也关乎味觉。尤其是酱油，后来又出现了生抽、老抽、草菇酱油等，虽说自己不喜欢的未必就不好，但我还是任性地觉得，老老实实的酿造酱油就很好。小时候的酱油才是真的香啊，浓郁的鲜味，在瓶子里晃一晃，附着在瓶壁上是很厚的一层，流下去会很慢。不像现在的酱油，稀汤寡水的，闻着有股可疑的味道。而没有好的酱油，酱油炒饭的味道也便很可疑了。

我们常说"治大国若烹小鲜"，而烹小鲜，最重要的是老实，该用什么，该怎么做，一点不能少，一步不能改，速成的、拍脑袋来的，不过是自己骗自己罢了。

酿造酱油

正规的酱油瓶上有两个词。第一个词叫作氨基酸态氮，它是酱油主要的呈鲜物质，按照国家标准理化指标，应该是大于等于 0.4 克 /100 毫升，如果是特级酱油的话大于等于 0.8 克 /100 毫升；第二个词是注明酿造酱油还是配制酱油的标签。酿造酱油是我们遵循传统的方法酿造的，配制酱油会使用一些办法来勾兑，但也需要有严格的勾兑工艺，而且也借鉴了一些工业化学的方法。我们最好使用酿造酱油，诸如海鲜酱油、草菇酱油等配制酱油，即使真的有海鲜、草菇的成分在里面，那也是微乎其微的。

蛋奶 葱蒜 李韬版酱油炒饭

主料 | 剩米饭（一定要冷，但是不要太干）

辅料 | 鸡蛋、小葱

调料 | 植物油、陈酿酱油、白糖

做法

1. 小葱洗净，葱白、葱绿分开切成葱花。

2. 鸡蛋略加一点凉开水，打散。

3. 热锅倒入冷油，油可稍多一些。油温较高时，下入一大半切好的葱白，微黄时，倒入蛋液，先不要动，等略微成型时，划散，盛出。

4. 锅内再加油，下入剩下的葱白，爆香，下入剩米饭，小火勤炒，直到米饭完全散开。

5. 酱油事先倒入碗中，加一点白糖拌匀，再均匀倒在米饭上，快速翻炒，直到米饭上色均匀，接着倒入炒好的鸡蛋，继续翻炒，直到香气比较浓郁。

6. 倒入切好的葱绿，翻炒几下，即可出锅。

·食客·

炒饭，看似简单，其实学问很大。蔬食也如此，唯一的秘诀是不掺假，用真心。

—— 梁棣
眉州东坡集团 CEO

腊八粥
飞入寻常百姓家的美味

腊八，实际上算不得是个节，不过历来比较受重视。从先秦起，人们在腊八这天要祭祀祖先和神灵，祈求丰收和吉祥，除此以外，还要逐疫。而佛教进入中国以后，腊八迅速和佛陀产生了联系。

中国的春节气氛一年弱于一年，总是一场无可奈何。有传统文化传承的问题，也有中国人朴素的传统认知：幸福到了顶点自然要走向衰落。大年初一虽然是欢愉的顶点，然而也意味着新的劳作即将开始，人们大抵潜意识里是不喜欢的。所以，对于年前的几个节日，人们反而更加在意。四川人比较在乎腊月二十三，北方人在这一天也要洒扫、理发、修容，但与四川人相比，北方人似乎更在乎"腊八"。

在汉传佛教中，为了纪念佛陀于腊月初八成道，接受四大天王供养的米粥，有些佛教寺院会在这天煮腊八粥供佛，并分送十方善信，因此腊八粥也称"佛粥"。寓意是希望享用腊八粥的民众都能同沾佛陀成道的法喜，蒙佛陀加持而福慧增长。

对于老百姓而言，虽然随喜赞叹佛祖成道，然而毕竟要落到实处，就是这碗腊八粥了。以前特别喜欢看一本书，就是宋代孟元老写的《东京梦华录》。在华丽无匹、清丽绝伦的宋都被毁灭后，逃难到南方的孟元老怀着对东京汴梁的无限眷念和对现实的无限伤感，写下了这部充满追思的深情之作，让我得以在

千年之后窥视先人的生活风貌。在《东京梦华录》里也能找到腊八粥的身影:"初八日……诸大寺作浴佛会,并送七宝五味粥与门徒,谓之'腊八粥'。都(汴京)人是日,各家亦以果子杂料煮粥而食也。"

这些旧时风情一代一代传递,到了清朝,有位很有才华,然而官运并不亨通的人叫作富察敦崇,他写了一本《燕京岁时记》,里面比较详细地提到了腊八粥的原料:

"腊八粥者,用黄米、白米、江米、小米、菱角米、栗子、红江(豇)豆、去皮枣泥等,合水煮熟,外用染红桃仁、杏仁、瓜子、花生、榛穰、松子及白糖、红糖、琐琐葡萄以作点染。"

这里面北方比较少见的是菱角米和琐琐葡萄。菱角米即菱角剥壳后的灰白色内瓤,《齐民要术》中载:"菱能养神强志,除百病,益精气。食之能安中补脏,耳目聪明,轻身耐老。"琐琐葡萄按《回疆志》记载:"葡萄一根数本,藤蔓牵长,花极细而黄白色,其实有紫、白、青、黑数种,形有圆长大小,味有酸甜不同……一种色紫而小如胡椒,即琐琐葡萄……"

其实腊八粥的原料也许是最为丰富的,家家户户都会有自己的配方。顺便一提,除了腊八粥,北方在腊八这天也必腌制腊八蒜,就是将紫皮蒜瓣去皮,放入一个可以密封的罐子、瓶子之类的容器里面,然后倒入醋,封上口即可。至除夕那天启封,蒜瓣翠绿如碧玉,吃饺子也是绝配。

年糕，年糕
年年高

　　大学时代，我去宁波慈溪一个关系很好的同学家里。在那里，我第一次住有阁楼的老房子，第一次看到房顶用贝壳类的东西熬煮成半透明的片嵌成顶窗，第一次吃到黄泥螺，第一次喝到用开水冲泡就成一碗汤的东海紫菜，第一次去看戚继光抗倭的炮台，第一次吃到好多不认识的海鲜，第一次吃到鳌头，当然，也是第一次吃到慈溪年糕。同学的妈妈对我尤其好，每餐饭都很丰盛，我记得吃了两次年糕，一次是甜的，年糕、红豆、枣子煮在一起的，很是软糯香甜；一次是用海蟹炒的年糕，汁浓味美。

　　后来我进了餐饮这一行，虽然不是厨师，毕竟也时常接触食材，才知道慈溪年糕是很有名的。常有人说慈溪的文化之根在慈城，而慈城年糕距今已经有上千年的历史了。相传春秋时期吴国大夫伍子胥曾在慈城作战，后来他临死前对部下说："如果国家有苦难，百姓断粮，你们到慈城城墙下挖地三尺可得到粮食。"伍子胥死后，部下被越军包围，城中断粮，饿死了不少人，这时有人想起伍子胥的话，就去挖城墙，挖了三尺多深，果然挖到了许多可吃的"城砖"，而且吃了这些城砖还特别耐饿，这些城砖其实就是年糕。原来，当年伍子胥在慈城督造城墙时，已做好了屯粮防饥的准备。从此以后，每逢过年，慈城家家户户都做年糕，年夜饭就吃年糕汤来纪念伍子胥。

这个传说语焉不详，漏洞也比较多，然而可以确信的是年糕是慈溪人很重视的吃食。其实全国各地有年糕的地方都很重视这种吃食，主要是因为年糕兆头好，年糕年糕，年年高。这其中的寓意是我们对生活的积极祝祷，正是有了这些对生活的美好向往和点点滴滴的情愁，我们中国人才成为真正的中国人，才像年糕一样在千年的历史中凝聚不散。

蛋奶 酒酿年糕甜汤

年糕 ♥慈溪

酒酿 ♥四川

主料 | 慈溪年糕、米酒酿

辅料 | 鸡蛋

调料 | 白糖

做法

1. 年糕切成片，鸡蛋打散。

2. 汤锅加水煮开，将年糕条下锅。

3. 煮至年糕条浮起，即可甩入鸡蛋花，最好只用蛋黄液。

4. 随即下入米酒酿，煮1分钟即可，煮久则发酸变苦。

5. 撒入白糖即可出锅。

白萝卜

当家菜

我小时候非常不爱吃白萝卜，但一直在努力尝试，等做了餐饮这行，才发现白萝卜是很多地方的"当家菜"——凉拌萝卜缨、腌萝卜皮、烧萝卜、炖萝卜、煮萝卜、萝卜丝蒸菜、萝卜丝酿豆腐泡，还有泡菜萝卜丁、辣萝卜干……萝卜走遍大江南北，全菜系都有它的位置。

我从业的川菜集团里，用白萝卜做的菜也很多，员工餐也有白萝卜连锅汤——清水煮白萝卜块配个青辣椒碟子蘸着吃。此菜一出，四川人洋溢着幸福的微笑，而我们北方人全部哭丧着一张脸，还给这道菜起了一个新名字：水上漂汤。

后来我学了一些中医，中医对白萝卜的看法是相当正面的。中医认为白萝卜味甘、辛，性凉，入肺、胃、大肠经，有清热生津、凉血止血、下气宽中、消食化滞、开胃健脾、顺气化痰的功效，主要用于腹胀停食、腹痛、咳嗽、痰多等症。《本草纲目》也对白萝卜赞赏有加，称其为"蔬中最有益者"。用我中医老师的说法就是："白萝卜虽然破气，于当今滋腻饮食结构，实无异于人参也。"特别是正月里，天寒地冻的北方，外面看着寒冷，实际上人体内因为油腻吃得多，加上暖气热气蒸腾，食火反而是重的，多吃白萝卜，就会舒服很多。

既然白萝卜这么好，那就继续努力吃吧。可我还是不喜欢它那寡淡的味道，还想用办法去遮盖白萝卜的辛辣气，但不用辣这么重的调料。其实，要显现出白萝卜的回口鲜甜，可以试试搭配五谷。

葱蒜 五谷杂粮烧萝卜

白萝卜 ♀山东　　　杂粮（含青稞米 ♀西藏）

主料│白萝卜（象牙白萝卜最好）

辅料│青稞米、薏米、糙米、黑米、红豆

调料│植物油、酱油、小葱、姜、八角

做法

1.葱白切段，葱绿切末，姜切末，杂粮在冷水中浸泡10小时左右，捞出加葱段、八角加热水小火蒸15分钟，使杂粮表层开花。

2.白萝卜去皮切块。

3.用姜末和葱花炝锅，略微翻炒白萝卜块。

4.倒入蒸好的杂粮，加水和酱油烧煮到白萝卜表面成型、内里软烂即可。

炒琪
泥巴里面出美味

炒琪，除了山西人，可能外人不仅没见过，连听也没有听说过。《舌尖上的中国》很是流行过一段时间，流行的原因还是乡土触动人心，人文涵于美食，而炒琪触动人心的，则是实实在在的"乡土气息"。

萧萧从山西回来，带给我一包绿豆饼和一包炒琪，我觉得都不错。我是太原人，看见山西的东西，往往带着亲切，无他，唯来自故土耳。

做炒琪，离不开泥巴，而且要用黄土高原上产的偏白的窑洞白泥巴。说是白泥巴，倒不至于像观音土那么白，其实还是黄土。黄土不能选黏土，而要选直立性好的那种土，不仅要敲打成细末，还要用筛面的细眼箩筐筛成粉面。大铁锅烧热，先炒白土。另一边就要准备"琪子"。琪子是白面加上盐、花椒粉、植物油，用鸡蛋与水和成面团，然后饧一会儿，擀成大圆片，切成指头般宽的条，再滚着搓成圆柱体，用刀切成小粒。

白土什么时候就算炒好了？要像水开了一样，表面也冒大气泡。这时候把琪子倒进去，不断翻炒，炒到变硬，表面呈乳白色就好了。放凉之后倒进细眼箩筐，把土粉面筛掉，就可以吃了，讲究的还要用干毛巾把表面擦一遍。

做好的炒琪色泽焦黄，口感清脆，香醇可口，关键是久藏不坏。相传炒琪为舜帝携娥皇女英畅游历山炒琪洼所留，民间认为"脾虚伤食，补以脾土"，所以炒琪对于肠胃疾病具有良好的防治功能，还能预防水土不服。萧萧知我有慢性胃炎，特意带回来，真是有心了。

很多人对泥巴做食物媒介有疑问，其实中国对泥巴的利用非常早。我记得有一个医案，是关于清代名医叶天士的。乾隆十六年（公元1751年），江阴、宜兴等地霍乱肆虐，恣意流行，眼看瘟疫难以控制，并有蔓延之势，千总大人十分着急，派人去请叶天士。叶天士来到疫区，察看了疫情，并用带来的中草药配制成"四逆汤"救治病人。但霍乱流行面广，患病人多，带来的药材很快就要用完了。这时，一个随行的人说，在他的家乡也流行过类似的病，当地人挖取带蚯蚓的地下黄土冲水喝，效果很好。一句话提醒了叶天士，他想起张仲景的《金匮要略》上就有"黄土汤"的方子，方中灶心黄土即灶心上烧过的土，药名伏龙肝，有温补脾胃、止吐、止泻的功效，而天宁寺的和尚治上吐下泻就是靠喝陈芥菜卤治好的。叶天士心想，灶心土研末后用陈芥菜卤送服定能起效。于是，他发动村民烧黄土，天宁寺的和尚也送来了陈芥菜卤，让村民服用。果然，村民在服用了陈芥菜卤后，患病者很快痊愈，健康者再也没有被传染，霍乱疫情很快被控制住。而在此之后几百年，人们才从黄土中提炼出了土霉素等消炎物质。

炒琪

金针菜

悠悠寸草心

萱草的花语是"忘却的爱"，忧伤却淡淡的。中国古代的游子离开家之前，都会到幽深的北堂——母亲居住的地方，种下一片萱草，希望萱草花那一抹亮色能够抚慰母亲挂念孩儿的心。而后来，因为萱草花亮而不妖，花形端庄，它也逐渐成为"母亲"的代称。

小的时候我在河床上玩，睡着了被毒蚊子叮得满身大包，几近昏迷，母亲把我送到老中医那里。几副药下去，我又恢复如初。老中医最后一次帮我看病时抚须而言："孩子还小，未下猛药，余毒尚在体内，直到十五岁前，每年夏秋季节身上必起黄水疱，痒甚，需挑破，沾涂金风散。"金风散为何物？干金针研为细末即成。其后，果真如老人家所言，屡试不爽，于是每年金针粉末都不离我左右。年满十六，果真未再犯。感恩之情，半系老人家妙手，半系金针之功。

后来翻阅医书，《本草求真》上说："萱草味甘而气微凉，能去湿利水，除热通淋，止渴消烦，开胸宽膈，令人心平气和，无有忧郁。"李时珍《本草纲目》上也说，萱草可以"疗愁"。所以，古人也称萱草为忘忧草，然也然也。

在很多文学作品里，每当充满思念惆怅时，萱草都会出现，可我每当看到萱草的时候，都很高兴，因为它还有一个名字叫作"黄花菜"，是我很爱吃的食材。萱草是很雅的称呼，黄花菜就平易近人多了。姥姥原来总会在屋前平整出一块地，种十几丛黄花菜。每到夏季，黄花菜开出嫩黄色或者橙红色的花，姥

● 大花萱草：属萱草属，不可食用。千万不要在花坛里随意采摘并食用，以免导致身体不适。

● 橘红（橘黄）色花的萱草：含大量秋水仙碱，哪怕在热水里烫了又烫，也不能食用。

● 黄色花的萱草（金针菜）：原产中国，花呈柠檬黄色，花蕾为著名的"黄花菜"，可供食用。

● 干黄花菜：挑选洁净、鲜嫩、不蔫、不干、芯尚未开放的黄色花的萱草晒制而成。

大花萱草（不可食用） | 橘红色花的萱草
黄色花的萱草（金针菜） | 干黄花菜

姥就会把它们带着露水采下，用水冲洗干净，然后上蒸笼蒸透，放在通风的阳光处彻底晒干，一年的金针就够吃了。"黄花菜"是它新鲜的时候，等它干了，我们通常就叫它"金针"，也没什么缘由，大概就是因为干了后比较像一枚金色的针。

黄花菜入菜很神奇，可以马上提升菜的味道和香气。将它用于面条打卤时，一股幽香中透出鲜甜气息，丰富了味觉的层次，浇在面上，再加点醋，嘿，别提多带劲了。我自己也喜欢把它用在烤麸里。我现在吃的烤麸都是买好面筋自己做，如果配料里缺少了金针，烤麸最终的味道就会大打折扣。

姥姥八十八岁的时候去世。而去世那天还正常地做了晚饭，后来晚上十二点的时候突然从床上坐起呕吐，送到医院再也没有醒来。姥姥去世时未遭苦痛，只是从那以后我再也没法吃到味道特别好的黄花菜了。

全素 黄花菜烧烤麸

黄花菜📍湖南

烤麸📍四川

秋耳📍黑龙江

主料 | 烤麸 1 块（湿）、黄花菜（金针）

辅料 | 秋耳 10 克

调料 | 植物油、老姜、八角、酱油、盐、白糖

做法

1. 黄花菜事先泡发；秋耳泡发，用手撕成适口块状，老姜切片。

2. 烤麸切成适当的块状，加水和八角及调料一起下锅煮。

3. 起锅，热油先爆香姜片，再将煮好的烤麸块捞起放入，接着放进泡好的黄花菜和秋耳，不要再添加其他任何调料，只要将煮烤麸的酱汁作为调料即可。

4. 所有食材烧到锅内的酱汁快要收干即可。

烤麸

　　烤麸，江南地区常见的特色食品。用带皮的麦子磨成麦麸面粉，而后在水中搓揉筛洗而分离出来面筋，再经发酵蒸熟制成的，呈海绵状，蛋白质含量高，也含有钙、磷与铁。虽然烤麸与一般豆制品都在豆制品店中出售，但与一般豆制品中所含的大豆蛋白不同，烤麸中所含的是小麦蛋白。烤麸与豆制品一同食用时，能起到蛋白质互补的作用。

　　干烤麸需要用温水浸泡，温水中可以加入少许盐，泡 40 分钟左右，就泡开了，泡开之后，用清水反复冲洗几次，因为干烤麸是发酵食品，所以，它会有些许酸味，用温盐水浸泡和用清水反复冲洗的目的就是去除烤麸的酸味。

腐乳

用往事来酿

　　人的很多习惯可都是小的时候养成的，比如，我喜欢吃腐乳。红腐乳配馒头，一口下去，咸香的感觉充盈口腔；而吃臭豆腐，最适合配热窝头，臭豆腐的臭、窝头的热气和玉米面的香气混合出奇妙的美味，令人欲罢不能。

　　女儿出生前的某天，我和妈妈、太太闲聊。孩子还没有出生，我们已经开始想如何教育孩子的问题（看看，中国人都是这样的）。我不赞成让孩子上学前班，因为我觉得孩子会很累，而且会过早扼杀创造力，倒是可以让孩子5岁上小学。当了一辈子高中老师的老妈插了一句："那可不好，心智模式还不健全呢。""我就是5岁上的小学，没觉得自己有什么不健全啊。"老妈笑了："你上学第一天，非要背着充气阿童木一起去，我只好和学校老师说明情况，老师很懂教育心理啊，和班上的学生介绍说'今天我们班来了两个新同学，一个叫李韬，一个叫阿童木'。"哦，这件事情，貌似有印象。回头看太太，已经笑喷了。

　　看看，就算是自己的事情，随着时间流逝，也会记不清了呢。不过，人的很多习惯可都是小的时候养成的，比如，我每天睡觉前要看一会儿书；比如，我洗脸喜欢用冷水；还比如，我喜欢吃腐乳。

　　腐乳有三种，很好区分，颜色不同嘛——白腐乳、红腐乳、青腐乳。白腐乳就是豆腐发酵的原色，我自己最喜欢的是中国台湾的白腐乳。曾记得从中国台湾调到北京工作的Alice送了我一大瓶，里面还有黄色的如同水豆豉的豆瓣，白腐乳本身滑腻如脂，用筷子头刮一小层下来送进嘴里一抿，是特有的腐乳香，而且并不怎么咸，还带着回甜，一顿饭我可以吃两大块。红腐乳在北方多是酱豆腐，比白腐乳要硬，往往加了玫瑰酱来提香，红色是因为加了红曲素，于是红腐乳便有了过年般的喜庆、仿若高雅的玫瑰之香。把红腐乳抹在馒头上，看着一抹红深入白色的馒头内层，咸香的感觉就已经充盈口腔。青腐乳也叫青方，在北京也叫臭豆腐，最有名的就是王致和的。在腐乳的发酵过程里加入青矾，发酵好的腐乳会有蛋白质分解的臭味，颜色也变成了青灰色，但是风味独具。吃臭豆腐最适合配热的窝头，一下子抹上去，臭豆腐的臭、窝头的热气、玉米面的香气一下子混合成奇妙的美味。

不管哪种腐乳，总归要使用豆腐进行发酵，形成菌丝体后再加上卤汁浸泡腌制入味。别小看一块腐乳，手工制作，工序多多，注意事项也不少。首先是选择豆腐的时候，豆腐的含水量是个大问题。豆腐里面的水分多，豆腐软，做出的腐乳不成形；水分太少，豆腐发干，真菌菌丝就不好快速生长。用科学的数据来说，豆腐的含水量应控制在70%左右。豆腐需要使用稻草或者粽叶等引发真菌天然生长，这个过程大约5天，这期间温度必须在15~18℃，否则会影响真菌生长。当直立的菌丝已经呈现明显的白色或青灰色毛状后，还要将豆腐摊晾1天，为的是散掉发酵产生的霉味以及减少豆腐在发酵过程中产生的热量。当豆腐凉透以后，就成为长满毛霉的腐乳毛坯，这个时候就可以用卤汁腌制了。

随着年龄的增长，有的时候我也开始回忆过去。把往事酿成红酒，你会享受醇美的香气，别人也会欣赏你光鲜的生活；而把往事酿成腐乳，也许更多的味道只有自己知道，却可以伴你一生且永不生厌。

荞面灌肠
一碗吃饱，不想家

荞面灌肠，是盛行于山西太原、祁县、太谷、榆社、文水一带的传统风味小吃，原料选用甜荞面。山西自古风沙大，水质也不好，荞面有很好的清肠胃的作用，所以取名"灌肠"。

我离开太原的时候22岁，再回去，已经35岁了。太原有一条贯穿城市的大河——汾河，在唐朝时可以行驶三层楼高的楼船。但儿时太原市内的汾河已经是小孩子可以嬉戏的小河了，我离开太原时，汾河公园还没有开始建设。

有一年，同事去太原出差，住在汾河岸边的宾馆里，给我打电话说你们家乡不错啊，杨柳依依，碧波荡漾。我听到这话直接就蒙了，问："你是不是去错地方了？我们太原风比较大，灰尘也多，我读书的时候骑自行车回家，耳朵里都是沙子。"

回乡办理户口的有关事宜时，我更加晕了。出了高铁站，怎么也想不起来自己在哪儿，给同学打电话，他说你就在中环路边站着。我一下子急了："我没在香港，我在太原！"同学说你这不废话么？我知道你在太原，高铁站出来那条路叫"中环"！

等安顿好了，同学问我想吃啥，我说就想吃山西菜。同学说："你这点儿早不早晚不晚的，晚上还有几个同学来，我们一起去饭店，先去吃小吃垫垫吧。"因为我吃素，羊杂割是不能吃了，同学给我要了一碗荞面灌肠。

灌肠上桌，还没等吃，就有点鼻子发酸，才吃几口，连着说"这个好、这个好"，然后怎么也忍不住了，一边哭一边吃，眼泪噼里啪啦的，周围呈现了围观态势，把同学郁闷的，闷着头喝他的羊肉汤。

荞面灌肠，是小时候常吃的小吃。灌肠和面皮、绿豆凉粉摊常在一起，同学三五个，霸占一个小摊子，有的吃凉粉，有的吃面皮，有的吃灌肠，有的要辣，有的要麻酱，有的要大蒜，热闹且开心。

做灌肠的荞面，不是四川凉山那种泡水喝的苦荞，而是甜荞面。做灌肠要先把荞面与清水和成面团，面团再加水稀释，而不能直接和成面糊。稀释的时候要加一点盐，增加黏性。之后把面糊倒入抹了油的盘子里，上笼蒸熟。蒸的时候盘子上必须加盖一个盘子，否则蒸汽会把灌肠表面打成黏黏糊糊的或者使灌肠表面布满小孔。蒸好的灌肠晾凉取出切条，可以凉拌也可以热炒。凉拌一般是加辣椒油、芝麻酱、黄瓜丝，讲究的还要浇上卤；热炒一般是加黄豆芽和辣椒一起炒，出锅前一定要飞点山西老陈醋或熏醋，然后加上鲜蒜泥，香味一出来就关火。

至于为什么叫作灌肠？山西自古风沙大，水质也不好，荞面有很好的清肠胃的作用，所以叫"灌肠"。荞面不是药，但里面都是好东西——丰富的蛋白质、B族维生素、芦丁类强化血管物质、矿物质及膳食纤维等。它还有一个功能可能只对我有效——吃饱了不想家。

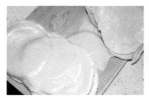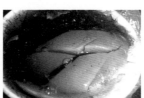

灌肠

糯米山药
吃货的美味

山药、山药，山中灵药是也。《神农本草经》是把"山药"列为上品的，说："山药味甘温，主伤中，补虚羸，除寒热邪气；补中，益气力，长肌肉；久服耳目聪明，轻身，不饥，延年。"几乎是把山药当仙丹来说了。

我工作的主业是培训师，经常连续几天讲大课，难免气虚，自然也极喜食用山药。常见到的山药品种中，河南焦作的铁棍山药自然是很好的。我的中医老师开方子的时候，往往会写上"怀山药"，为什么呢？因为焦作古称怀庆，这个地方有"四大怀药"——怀熟地、怀山药、怀菊花、怀牛膝。怀庆的"四大怀药"是道地药材，所以治病效果也很好。

铁棍山药比一般菜山药水分含量低，自然极为粉糯，也比一般山药细，形如细棍，且外皮有像铁锈一样的痕迹，故得名铁棍山药。因为铁棍山药太好了，我长时间一直有个认知，就是山药是越细越好。所以，第一次看到"糯米山药"的时候，一直觉得这种山药很诡异。

糯米山药不是糯米和山药，而是温州的一个山药品种。形体巨大，一个山药可以重达十几斤，不仅粗大，形状还不规整。但是吃过之后，口感确实绵糯如糯米，不得不令人佩服。糯米山药粉质大，蒸熟直接吃难免过干难以吞咽，最适合的做法是烧炖，尤其是和小枣一起煨炖。

全素 煨炖糯米山药

糯米山药 📍浙江

小枣 📍陕西

主料 | 温州糯米山药

辅料 | 小枣

调料 | 花生油、酱油、姜

做法

1. 山药洗净，打去外皮后切成滚刀块；小枣泡软，去核；姜切末。

2. 将山药块上锅蒸至断生后备用。

3. 炒锅置于火上，烧热后加少量花生油。油至七成热时将山药块倒入锅中，表面过油煸炒上色。加入姜末和小枣继续煸炒。

4. 淋少许清水防止粘锅，翻炒片刻后加入酱油，翻炒直至颜色均匀，关火后在炒锅内放置1分钟入味即成。

5. 可以撒入黑松露碎或白松露油，味道更加美妙。

煎蛋面
怀念初时的相遇

在成都有很多面食，比如甜水面、担担面、燃面，还有早餐我最喜欢的煎蛋面。有句俗语，叫"少不入川"，意指天府之国好吃好喝、好山好水，外加美女如云，太过闲适、安逸，工作、生活节奏都过于缓慢，不适合少年奋斗与进取。不过，从煎蛋面来看，成都的效率其实还蛮高的。

我有一位好哥们儿，是土生土长的成都人，和我一样，在北京工作、打拼，待了有近10年。如今衣锦还乡，不用叶落即能归根，令人羡慕。然而他回到成都后，时常打电话来向我抱怨，每次的"引爆点"都是他做一件什么事，当地人的效率都跟不上他的节奏。我仔仔细细地研究了他一番，再次确定他本人就是如假包换的成都人。而那时，我刚刚拿到成都市户口，并且和他做了邻居。

说回到煎蛋面，其实从煎蛋面本身来看，成都的效率还是挺高的。煎蛋面，原来一般作为"打间"用，就是家里来了客人，既不在午饭点上，也不在晚饭点上，在这间隔期间，不能让客人饿着，来碗煎蛋面，快捷、味好、暖人暖心。

煎蛋面的用料虽然简单，可是都十分对路——鸡蛋煎成略带焦煳边的，看着就香；番茄要多一些，煮到汤里红彤彤的，酸酸甜甜好开胃；面条也不用手擀，挂面就行。连汤带菜带面，一碗下去，昨夜宿醉带来的摇摆，今晨大雾笼罩的惆怅，尽皆消散。

煎蛋面虽然简单，却也马虎不得。蛋煎好后，一定要加汤煮一会儿，才能把鸡蛋里的小油滴煮成白白的汤色，而煎蛋的香气也进入了汤里，如果不煮，就不是煎蛋面，只能说是一碗面上加了个煎蛋。还有要注意番茄下锅的时间，快出锅前再下入番茄，滚几下，红色的气势一起便可出锅，久煮就没有了番茄的意趣。

如今在成都，满大街都能看到"华兴煎蛋面"的招牌，以前正宗的煎蛋面店家据说从华兴街缘起。而当时，面馆里充满了跑堂得意的叫卖声，带着别处不可复制的川韵——"煎蛋面，二两，白汤"，"三两、红汤（加了辣椒油）"，是一种此起彼伏的快意感觉。煎蛋是认真费时手作的香味，番茄都是老老实实自然成熟且分量足够，看着就那么让人热爱生活。然而现今，很多面馆已经不肯好好花功夫去做这碗煎蛋面了，吃了几次，难以觅得初时相遇的味道，凭添惆怅。

蛋奶 葱蒜 煎蛋面

主料|面条
辅料|鸡蛋、番茄（随意搭配蔬菜如青菜，只要新鲜即可）
调料|色拉油、盐、葱花

做法

1.炒锅里加色拉油，注意一定要热锅凉油，把鸡蛋搅散均匀，猛火下锅，定型后用中火煎到两面微黄，盛出来待用。

2.炒锅内直接加热水烧开煮面，面至五六分熟时加入煎蛋一起煮，直到面将熟，汤色泛白。

3.番茄切成小块，倒入锅中煮开。

4.加盐调味，出锅装碗，面在下，上面放煎蛋，撒上葱花，浇入面汤即成。

烧仙草

我爱的芳草香味

我在饮食里有很多固执的癖好，这些喜好都以"我爱某某某"直白泼辣地表达出来，比如蔓越莓，比如曼特宁，比如苦菜。夏天的时候特别爱上火，所以钟爱龟苓膏，但随着年纪日长，体内热性渐少，加之转向素食，龟苓膏不再吃了，转而对烧仙草情有独钟。

大概是身体属于阳性体质，又偏胖，故而容易上火，因此我也总是喜欢寒性的食物，夏天的凉茶、龟苓膏、苦丁茶都是我的爱物，但更爱的是烧仙草。我女儿也爱上火，她更喜欢龟苓膏，或者说，她还没太分得清龟苓膏和烧仙草。

龟苓膏，顾名思义，有龟有苓。龟是鹰嘴龟，苓是土茯苓。鹰嘴龟是名贵的中药，做龟苓膏用的是腹板和背甲，烧煮成汤，可清热解毒；土茯苓则可祛湿。除了这两种主药外，再配以生地、蒲公英、金银花等来加强药效。生活在沿海诸地的人常会食用龟苓膏，它能清热祛湿，止瘙痒，去暗疮，备受人们喜爱。龟苓膏和烧仙草虽然都是黑乎乎的，但是龟苓膏弹性要大一些，也较为透明。

烧仙草在江西、广西等地方也叫黑凉粉，主料就是仙草干。新鲜的仙草叶子色绿，卵圆形或唇形，边缘有锯齿，看不出来什么仙风道骨，等到变成仙草干，就是细细的枯紫色的茎干，仿佛连喂马都不配。而在《本草纲目拾遗》中，关于仙人冻（仙草）的记载，倒确实有了疗饥泽颜的慈悲光辉：

"一名凉粉草，出广中。茎叶秀丽，香犹薷檀，以汁和米粉食之止饥。山人种之连亩，当暑售之……夏取其汁和羹，其坚成冰，出惠州府。疗饥泽颜。"

我爱烧仙草，纯粹是因为它特殊的草香味道。把仙草干放在水里煮到黑浓，再用苏打水一激，就会成为像果冻般的结块，带有微苦的香气，可以加上几颗金丝小枣、芋圆，撒把红豆，煮到红豆绵软时，就一起捞出盛在碗里，热腾腾的烧仙草就做好了。仙草的苦香弹滑、红豆的绵软、小枣的甜美、芋圆的滑糯都融合在一起交替呈现，真的有如仙人珍馐。烧仙草也可以吃凉的，我喜欢把冰镇后的仙草块，加上枣花蜜，撒点煮好的红豆粒，挤半个青柠檬的汁水一起吃下，凉爽宜人，酸、甜、苦和凉、滑、软混在一起，足可以抵御夏日炎热。

烧仙草，不是生在灵山上的紫芝，也不是种在昆仑瑶池的蟠桃，还不是凝在离恨天外的绛珠，更不是万寿山五庄观的草还丹，却更贴近凡间，也更贴近我的心。

烧仙草

山西老陈醋

屋里有余粮，院里有醋坛

韩剧《大长今》里的一个片段：韩尚宫和崔尚宫比赛料理水平，题目是"无题"。韩尚宫以前和明伊一起调校了一醒醋，埋在树下，二人立誓日后谁当上最高尚宫，就要将醋送给对方。因为崔尚宫的阴谋，韩尚宫准备的食材全部被污染，她只好出宫去重新寻找食材，没有能够及时赶回宫来。长今临时替她参加比赛，结果前两道菜都失利了。最后一道菜是大蒜汁拌生菜，不仅大蒜比较爽口，又格外有一种微酸回甜的味道，这道菜博得了皇太后、皇帝和皇后的一致认可，这都是那坛埋在树下几十年的醋的功劳啊。作为山西人，看到这段，不禁会感慨——这就是老陈醋啊。

山西人离不开醋，以前找女婿，基本要求是"屋里有余粮，院里有醋坛"，没有醋，那是很难生活的。山西各个地市都有自己的品牌醋，但是老陈醋主要集中在太原和晋中。和大家熟知的山西"东湖""水塔""陈世家""紫林"等品牌不同，太原人最认可的应该是宁化府的"益源庆"。

明朝开国皇帝朱元璋册封其第三子朱棡为晋王，册封朱棡之子朱济焕为宁化郡王。明朝洪武十年（1377年），"益源庆"创办，当时是宁化郡王府内酿醋、磨面、制酒的小型作坊，酿出的醋仅供自用。到清朝嘉庆二十二年（公元1817年），"益源庆"每日所产醋量已然超过150千克，为当时山西最大的制醋作坊。

陈醋之所以为陈，是因为至少要陈酿一年以上，而我自己比较喜欢陈酿五年以上的。老陈醋最大的特点是不能"傻酸"，而是要酸中回甜，回味有香，入口不杀口，反而有绵软浓稠的感觉。

记得我们家的醋瓶和酱油瓶常分不清，因为老陈醋也会挂壁，很是黏稠，一不小心就和酱油搞混了。老陈醋在太原基本上是用来炒菜的，因为它一受热更香，酸味可以融进菜里，酸度却不大。

而凉拌菜，山西人更喜欢用熏醋。相传300多年前平阳府"祥泰盛"酱菜园，一缸醋醅被紧邻的一只取暖用的火炉烤成亮晶晶的深紫色，香气袭人，淋出来的醋有扑鼻的熏香味，酸甜柔和，汁浓色亮，别具一格。掌柜如获至宝，从此改为生产高粱熏醋出售，名扬三晋。新中国成立以后，"祥泰盛"更名为临汾第一酿造厂，生产的熏醋曾获国家优质产品银奖。熏醋其实和老陈醋不矛盾，它加了一个熏焙的工艺，又不陈酿，酸度要大一些。

无论是哪一种醋，过去的酿造法都不会添加防腐剂和其他食品添加剂，就算是在今天，只要是传统工艺酿造的醋，也坚守这个原则。但要想能够在超市销售并且长期保存，防腐剂和食品添加剂又是无可奈何之选。所以你看，山西人"院里有醋坛"的愿望还真是挺奢侈的呢。

东湖

水塔

陈世家

紫林

茶泡饭
平淡的幸福一口吃完

　　冢本老师是日本尺八（竹制中国古乐器，管长一尺八）明暗对山流的传承人，有次我和老师一起吃饭，他拿出从日本带来的梅子和白饭一起吃。我尝了一颗，应该是腌渍过的梅子，酸、甜、咸、涩、苦，五味杂陈，我敬谢不敏。后来在日本料理店吃饭，店主人为我准备了一碗茶泡饭，饭上端端正正地摆了一颗梅子。起初我是硬着头皮吃了。没想到，茶汤和梅子再加上一点海苔丝，给白饭增添了无穷复合的滋味，我居然越吃越开心，一口气就吃完了。

　　仔细回想，那茶汤似乎不是真的茶，应该是大麦茶。没过多久，正好看著名舞蹈家刀美兰老师的专访，当时她年过六旬，可是依然腰肢纤细，秀发乌黑，据刀美兰老师自己说，这应该归功于她经常吃"茶淘饭"。我一听来了兴趣，接着往下看，这不就是茶泡饭嘛。茶淘饭是傣族的饮食传统之一，用普洱茶泡水，直接倒在白饭里，就可以吃了。这真是最为质朴的茶泡饭啊。

　　后来接触过很多营养师，他们好像对茶泡饭是有质疑的。认为茶水不宜与食物一起食用，茶水中所含的生物碱包括咖啡因、可可碱等会与胃酸中和，不利于消化。因此，茶泡饭会使胃的负荷加重，不利于营养吸收。

　　但是日本也好，中国云南的边陲也好，他们却都钟情于茶泡饭，就连《红楼梦》中的宝玉，居然有时一碗茶泡饭就对付了，可见茶泡饭是一个可高可低的吃食。

从茶泡饭悠久的历史来看，可能它没营养师们说的那么差劲。茶泡饭，在日本叫作"茶漬け"，但是除了作茶汤和米饭之外，可以搭配很多东西。日本漫画《深夜食堂》中有三个经常光顾那小餐馆的大龄单身女性，被称为"茶泡饭三姐妹"。她们一个喜欢在"茶漬け"上加上梅干，一个喜欢加鳕鱼子，一个喜欢加三文鱼刺身。每次光顾，老板都会很默契地为她们三位送上各自喜好的"茶漬け"。然后她们一边八卦着男人们的那些事儿，一边很幸福地大口扒着茶泡饭。当她们的闺蜜情出现裂痕时，老板一语不发，让她们互相交换着吃对方喜好的东西，让她们试着站在对方的角度，品味对方的人生，一碗温暖的茶泡饭就成为三人友情的见证。

我倒觉得不要给一碗茶泡饭这么大的压力，它并不承载什么，它就是一碗茶泡饭。它之所以一直没有消亡，不过也是因为它的平淡。如果你在生活中时时刻刻都追求刺激，追求包围着你的爱，追求匠心独运，那你过的不是生活，你是一个并不想出戏的演员。"平平淡淡才是真"这样的话当大道理说出来并不算什么，能做到却不容易，能用这种平和的心境去享受平淡而不感到委屈，才是难得。

（全素）李韬版的茶泡饭

主料 | 煮好的白米饭、滇红茶
辅料 | 梅子干、水豆豉、海苔丝
调料 | 盐、酱油

做法

1. 滇红茶正常冲泡，稍浓一些，取茶汤。

2. 米饭盛入碗中，只占一个碗底即可，撒一点点盐，滴一两滴酱油。

3. 饭上摆好三四颗水豆豉、海苔丝和一颗梅子干。

4. 沿碗壁浇入热的茶汤，拌和略泡后食用。

白茶慕斯

入口皆清香

　　我这颗"中国胃"，整体上不太爱西点。西点香艳，中点端庄。中点里哪怕是一小块松仁核桃糕，都会庄重地待在那里，它在等你想起，你能想起它，对它必是真爱，它回馈给你自然、真诚、淳朴的味道，什么都不会太过——不那么甜、不那么腻、不那么油。它知道，最好的是相伴，日久才见真情，一时不过争个长短罢了。

　　西点里能够打动我这颗"中国胃"的，有个质感比较粗糙的点心，倒是独得我的青睐——司康。司康在中国被解释为快速面包，可能是因为它的做法和面包类似，而发酵程度又不够。司康饼的配方包括糖、黄油、面粉、全蛋液、牛奶和果干。首先将糖、软化的黄油和过筛的面粉混合，用手搓至黄油与面粉完全混合均匀，接着在面粉里加入全蛋液、牛奶，揉成面团，倒入果干，轻轻揉30秒。面团不要过度揉捏，以免面筋生成过多影响成品的口感。然后用擀面杖把面团擀成1.5厘米厚的面片，在面片上用切模切出面片。最后将切好的面片排入烤盘，在表面刷一层全蛋液，放入预热好200℃的烤箱，烤15分钟左右，至表面金黄色即可。配合下午茶，常见的司康是玫瑰味或者蔓越莓味的。相较于其他花哨的甜点，纯手工制作的司康饼，更容易带给人感动的味道，搭配店家自制的茶酱与奶油，淳朴英式乡村风情扑面而来。

除此以外，还有一个，我也喜欢，虽然很娇媚，可最重要的是它的口味有难以比拟的"空气感"。对，就是这个词——慕斯的空气感。慕斯的英文是mousse，是一种奶冻式的甜点，可以直接吃或做蛋糕夹层。通常是加入鲜奶油与凝固剂来制成浓稠冻状的效果，是用明胶凝结乳酪及鲜奶油而成，不必烘烤即可食用。为现今高级蛋糕的代表，而它的发明其实是个无心之举。最初糕点师们希望使奶油稳定同时口感更为丰富，所以使用了这个办法，结果配角抢了主角的戏，慕斯显得更加精致、时尚，相对其他西点来说也较为自然健康，所以变成了一个独立的品类。

除了要用好慕斯绵密的空气感，还能如何让它和中国式情怀挂上钩呢？茶也许是个很好的选择，一方面是典型的中国元素，一方面还会使口感不那么甜，再者，味觉层次也会非常丰富。这样一款点心，即使不是在专业厨房，在家里也可以做成。直接用慕斯粉就好，比如荷兰贝克马克的慕斯粉。

蛋奶 福鼎白茶慕斯

主料 | 慕斯粉、福鼎白茶茶粉

辅料 | 鲜奶油

调料 | 水

做法

1. 鲜奶油用打蛋器打至绵滑松软。

2. 慕斯粉用沸水化开，加鲜奶油。

3. 加入白茶粉搅匀。

4. 选择自己喜欢的糕点模具，倒入后放入冰箱，凝固后取出脱模即可食用。

贰

蔬食寻源

鸡蛋
熏着吃，味更浓

吃素有几种不同的类别：首先是严格纯素；其次是乳酪素，可以吃乳制品；第三是蛋素，就是可以吃鸡蛋；还有就是吃肉边菜①。我们的蔬食空间提倡自然素食，即不使用肉类食材，但使用葱、蒜、蛋、奶等，同时遵循自然规律，不使用转基因食品。

到了立夏这一天，我们推出了卤鸡蛋。立夏为什么要吃蛋呢？老人们常说，鸡蛋溜圆，象征生活圆满，立夏吃鸡蛋能祈祷夏日平安。这风俗体现了老祖宗的苦心。而立夏吃蛋的本质原因是立夏吃蛋能预防暑天常见的食欲缺乏、身倦肢软、消瘦等苦夏症状。

中医认为，鸡蛋性平、补气虚，有安神养心的功能，生病吃鸡蛋可以帮助人恢复体力。并且鸡蛋不伤脾胃，一般人都适合，所以哪怕是有高血压等慢性病的人，立夏适量吃鸡蛋也是有益健康的。

鸡蛋如今已不算稀罕的东西，炒着吃、煎着吃、煮着吃都不稀奇。我们决定将鸡蛋和茶叶结合起来，但不是茶叶蛋，而是熏卤蛋。用茶叶烟气熏过的卤鸡蛋，味道层次丰富，令人眼前一亮，胃口大开，还可以带到办公室与大家分享，一推出就受到欢迎。立夏那天，甚至有客人专门为这熏卤蛋来我们餐厅的。

---

①肉边菜：比如一般居士及健康素食者，上班会与同事共同进餐，有肉有菜，善巧方便只吃菜而已。

葱蒜 蛋 奶 熏卤蛋

主料 | 鸡蛋

辅料 | 铁观音茶、各种蔬菜（家里炒菜的边角料即可）

调料 | 葱段、香叶、姜片、桂皮、八角、盐、白糖

做法

1. 先将鸡蛋洗净，带壳蒸熟。

2. 用各种香料以及蔬菜熬制，即成卤水。

3. 蒸熟的鸡蛋去壳，放入卤水中加盐再煮 15 分钟，以便入味、上色。

4. 炒锅内放铁观音茶叶及白糖，小火翻炒，直至起烟。

5. 将鸡蛋放在箅子上置于锅内，小火熏制，10 分钟后关火不揭盖。

6. 放凉即可食用。

口蘑

你到底从哪里来？

这几年的蔬食研究，纠正了我认知上的两个误区：一个关乎食物，另一个和食物无关。关乎食物的是，口蘑是内蒙古的特产，而不是张家口的蘑菇。无关食物的是，张家口的"口"不是山西走西口的那个"口"。

口蘑之所以叫作口蘑，确实和张家口有关，但并非张家口所产，而是内蒙古所产，但是进入内地市场，是以张家口为重要的清理、加工、包装集散地，所以就被称为"口蘑"。口蘑的主要产地在锡林郭勒盟的东乌旗、西乌旗和阿巴嘎旗，呼伦贝尔，通辽等草原地区，这些地区的地理特征比较相像，都是腐殖质厚密的土壤，畜牧业发达，牛粪、羊粪等为口蘑生长提供重要的基质和养分。口蘑味道鲜美，口感细腻软滑，菌香也比较浓郁，又不像其他蘑菇特别容易腐坏，因此确实是非常理想的素食料理食材。

据说美国人很喜欢白蘑菇，是因为白蘑菇中含有大量的维生素D。早年美国《洛杉矶时报》报道称，研究发现，白蘑菇是唯一一种能提供维生素D的蔬菜，当白蘑菇受到紫外线照射的时候，就会产生维生素D，能很好地预防骨质疏松症。这白蘑菇就是中国人所说的口蘑。但是我在洛杉矶的时候，这一说法并没有得到有效的验证。但当地人确实是比较喜欢菌类的，尤其是意大利餐馆，喜欢拌有菌类的意面，然而大多是草菇，口蘑基本看不到。马口铁罐的口蘑罐头倒是非常常见。

口蘑满足了我对蘑菇的一切想象——紧密结实的菌盖，又不会张开，短短的可爱的菌柄、洁白的色彩、清新的香气、细密的质感……这和小时候看图画书得到的印象完全一致，这不就是蘑菇最为典型的代表吗？

口蘑有很多种吃法，在冬天最好的就是来一碗番茄鲜口蘑烫饭。诱人食欲的红色番茄浓汤里，有碧绿的菠菜梗，点睛的还是口蘑。那种特殊的香气，说不出来，然而不可或缺，滚烫地浇在一球煮得晶莹剔透的火山岩石板大米上，再撒点香菜叶，拌开的过程中香气升腾，餐桌旁每个人脸上都洋溢着笑容。

我大学学的是明清商业史，研究晋商。山西商人的足迹曾经在明清时期达到今日都不可能轻易抵达之处，我们山西人经常说的"走西口"，我一直以为是由太原北上，经过大同，穿过张家口而进入内蒙古。后来才发现，这个"口"，更多的应该是指山西朔州市右玉县的杀虎口。走出这个西口，就到了昔日由山西人包揽、经商天下的归化与绥远（统称归绥）、库伦、多伦、乌里雅苏台、科布多以及新疆等地。以颜料、茶叶等货物起家的晋商，不知道漫漫驼队当中，归家的时候是否会捎回洁白的口蘑，寄托羁旅的思念？

● 口蘑

● 香菇

● 凤尾菇

● 杏鲍菇

葱蒜 番茄鲜口蘑烫饭

口蘑 📍内蒙古

大米 📍东北

主料｜番茄、鲜口蘑、煮好的米饭

辅料｜菠菜、炸米

调料｜植物油、盐、香菜叶、八角、葱花、姜末

做法

1. 番茄切小块，鲜口蘑切片，菠菜洗净只留梗，切成小段。

2. 锅中水烧开，焯烫菠菜梗，下锅即刻捞出。

3. 锅中倒净水加植物油，爆香葱花、姜末、八角，然后翻炒番茄块、口蘑片。

4. 直接倒入热水，加盐，熬成红浓的番茄浓汤，加入菠菜梗。

5. 碗中放入一小球煮好的白米饭，撒上一小碟炸米。

6. 倒入番茄浓汤，加上香菜叶，略烫后搅拌即可。

白米饭

找寻一碗独家记忆

棣 Dee 蔬食·茶空间很重要的一个创设理念就是自然本真。找到顺应大自然规律的食材，而且必须安全健康。除了蔬菜、菌菇，我们也很看重米面、粮油、盐，甚至是水的品质，而这些都是生活中最基本的能量。

在泰国、日本时，我看到当地人对大米的重视与热爱，纵然不断地跟自己说，那是一种推广，然而仍然被他们对农产品的真情所感动。中国是一个农业大国，可是这些年，我们似乎离自然的农产品越来越远了。

不是唯中国的大米为好，我吃过泰国的香米，香则香矣，可是总觉得那种香味不是谷物正常的香气；日本的越光稻，可以做出口感很好的饭团，可是对于我的"中国胃"来说，口感太黏了，没有稻米的爽利。我小时候吃过海南的山岚稻、江西的血糯米，都是好吃得不得了，就是在山西，一个面食的王国，晋祠居然也产非常棒的寒泉稻！

可是今天，想吃到一碗米香浓郁的白米饭，居然都不是件容易的事。我走了很多地方，也试过很多品种的大米，没有找到口感适宜的大米。正在此时，我的好朋友、花道老师刚子跟我说："我们老家的大米很好呀，而且是长在火山岩上的，你可以试试。"

火山岩上的大米？我顿时来了兴趣。委托刚子找了几个样品，和其他产地的几种大米做盲品试吃。得票最多的那碗米饭，比对了编号，就是刚子老家的火山岩石板大米。

火山岩石板贡米之所以这么好吃，离不开它独特的生长环境。第一是它生长的土壤是休眠火山的风化土，火山灰与有机质相混合的肥沃土壤，为稻米的生长提供了大量的矿物质和微量元素。而火山喷发堰塞河道，山泉汇集形成了高山堰塞湖——镜泊湖，为稻米灌溉提供了纯净的湖水，这是第二个条件。第三是东北昼夜温差大，水稻生长缓慢，生长期长达135天以上，一年只能一熟，自然累积了很多营养物质。

煮好的火山岩石板贡米黏性合适，天然的米香气在煮的时候就很浓郁，盛在碗里也持久不散，放在嘴里细细咀嚼，稻米的甜慢慢浮现，如油似乳含浆，非常味美。

有的时候，我也吃糙米。看我吃得很开心的样子，我的一个朋友说他也尝尝，吃了一口，悲愤地看着我，"这么刺嗓子的东西，你怎么咽下去的？"然而并没有那么夸张，糙米煮成的米饭，颜色微黄，黏性较低，虽然口感稍差，但伴着黄咖喱汁，依然非常好吃，不妨试一试。

火山岩石板贡米 | 糙米

普通大米 | 泰国香米

● 火山岩石板贡米：火山岩石板贡米是世界上独特的"堰塞湖石板稻米"，煮熟后米粒青如玉、晶莹剔透，口感柔而不黏，质地适中，并且具有冷却后不回生的特点。

● 糙米：糙米是指除了外壳之外都保留的全谷粒。即含有皮层、糊粉层和胚芽的米。由于口感较粗，质地紧密，煮起来也比较费时，但是糙米的营养价值比白米高。

● 普通大米：普通大米中60%~70%的维生素、矿物质和大量必需氨基酸都聚积在外层组织中，而我们平时吃的大米虽然洁白细腻，但外层组织中的营养价值已经在加工过程中有所损失，反而在糙米中有很多保留。

● 泰国香米：原产于泰国的长粒型大米，是籼米的一种。所以，真正的泰国香米，米粒应为细长形，整颗米粒的长度不小于7毫米，宽度不低于3毫米。

蘑菇
挂糊的温度

中国菜技法之一的"挂糊"中的蛋清糊类的菜品，在日本的代表，叫作"天妇罗"。其实，在北京郊区的那些农家乐里，你能完整地体会到这种"蛋清糊"的技法，只是名字土气了些。

日本有位美食大师小山裕久，他说"日本料理是水之料理。"也就是说，考验的是厨师在烹饪过程中对食材含水率变化的掌握，比如生鱼片，切断的方式决定了断口的失水率，也决定了在口腔里的质感。他认为中国料理是火之料理。我觉得虽然他抓住了中国菜注重火功的精髓，却没能理解两千多年前伊尹在《本味篇》中所说的"鼎中之变，精妙微纤，口弗能言"的境界。这个变，一定是水火交融的复杂奇妙的反应，单一的火、水都是不完全的，中国料理既是火的料理，又是水的料理，还是调和的料理。

咱们说回天妇罗。现在许多东西一沾"日本"，就有档次了，就有"匠人精神"了。我自己倒不这么看。不说得太宽泛，还说天妇罗。好多人说你看人家日本的天妇罗大师，家里几代人都做天妇罗，那面糊、那酥脆、那鲜爽……我认为说这话的人，一般都没做过饭。

日本人总结天妇罗的那几个要点，其实并不真的有效——就算面糊做得尽善尽美，使用低筋的"薄力粉"；就算油锅的温度正正好好就是180℃，且使用了只炸一次的顶级油脂；就算处理好的食材含水率、温度都精确得无与伦比，你仍然有可能炸出并不酥松的外壳。为啥？这里面有天妇罗日餐师傅们不愿示人的另外一个小秘密——单靠食材表面粘的那点面糊是不可能炸出非常蓬松的效果的，要获得那样的效果，你得动用一些"作弊"手段才行：最简单的办法就是用筷子、刷子，甚至手指粘一些面糊，撒在油锅里面，这些面糊很快就会凝结成蓬松的碎屑，不能炸黑，需要保持金黄色，这时候你要设法把这些碎屑粘在正在炸的食材身上才行。说起来很简单，做起来还是很不容易的——在推动它们粘在一起的时候面糊可能分布得并不均匀。

但是，这仍然是个手法，而不是一次完成的技法。而真正能一次完成的技法，你在北京郊区例如怀柔那些农家乐里就能吃到，只是名字特别土——酥炸蘑菇。

蛋奶 酥炸蘑菇

主料 | 蘑菇（凤尾菇）
辅料 | 低筋面粉、鸡蛋
调料 | 植物油、盐、五香粉、椒盐
做法

1. 把蘑菇撕成条，用热水焯一下，沥水。

2. 鸡蛋只用鸡蛋清，加适量低筋面粉、盐、五香粉拌匀成糊。蘑菇条先略蘸干面粉，之后挂面糊。

3. 锅中植物油先完全烧热，然后关中小火，炸蘑菇条，面糊成型即可捞出。

4. 准备椒盐碟即可食用。

竹荪

冰花玉络一相逢

爱吃竹荪的人，除了味道，也喜欢它细致白洁的"蕾丝裙子"，其实就是竹荪的菌罩，被人们戏称为"雪裙仙子"。如果采摘的时候碰见了黄色菌罩的，那是另外一种竹荪，有毒，万万吃不得。

我问四川的同事："说起'竹荪'，你首先会想到什么？"

同事："竹笋？我们经常吃啊，还去采。一下雨，长得可快了……"

"等等，我说的是竹荪，不是竹笋，你知道吗？那种有白色蕾丝裙子的菌类。"

"噢，那个呀，长在死竹子上，我们看见就采起来扔了，要不然过几天它会烂，有股臭味……"

我觉得这种谈话完全偏离了我的预期，我决定还是不继续了。

可竹荪是四川特产啊，我应该努力发掘出它的特质，所以，过了几天我请厨师长做了一份清炖竹荪汤盅，再请四川同事品尝。她尝了一口，说："嗯，味道挺特别的。欸，院长（我是眉州东坡管理学院的院长，他们叫习惯了），你小的时候也一定去过公共澡堂子吧？和那里的味道差不多……"

我感受到了深深的挫败感，直到看了一本法国很有名的美食家写的日记，其中记载着他热情地向朋友推荐黑松露，结果对方认真地给出"经年未洗的床单味道"的品鉴结论，我才释然。

清代有一本专门讲素食的书，叫作《素食说略》，里面"竹松"条还专门说到了竹荪——"或作竹荪，出四川。滚水淬过，酌加盐、料酒，以高汤煨之。清脆腴美，得未曾有。或与嫩豆腐、玉兰片色白之菜同煨尚可，不宜夹杂别物并搭馈也。"我觉得作者薛宝辰是很懂竹荪的。作为陕西人，他能如此了解四川的食材，不愧是一位博学的翰林院学士，也是一位很懂素食的美食家。

竹荪生长在竹林，但却不影响竹子生长，它是依靠分解死掉的竹根而存活的。竹荪孢子依靠竹根，先生成菌丝，然后逐渐膨大扭结，最后长成一颗小圆球，我们叫"竹荪蛋"。这个蛋再长大变成桃子形，从"桃子尖"处长出菌帽，菌帽张开白色的菌罩，就可以采摘了。竹荪破蕾开裙一般在凌晨，竹荪蛋蛋壳从爆开一二厘米，到完全撑起来不过两个小时，必须做到随开随采。采收时，用刀把竹荪底部切断，取掉菌帽，只留菌柄和菌罩，用湿纱布擦干净或用少量清水冲洗干净，置于垫有可吸水草纸的竹篮里，不可撕破弄断。

一般人家处理竹荪，都是晒干，晒干后会变成微黄带褐，但不是深黄，一般十斤也就能得二三两干燥的竹荪，可见竹荪的珍贵。如果是工厂，都会烘干，颜色反而比日晒的浅，柄的部分微黄，菌罩的部分淡黄，香气比较浓郁。

我们做餐饮的，能够在应季得到鲜竹荪，平常百姓基本都是超市里买的干竹荪。用温水加盐浸泡，泡软即可洗净，之后再用温水泡至全发，一般需要两三个小时。如果长时间煲汤，竹荪都是最后放，大火烧开五六分钟就可以了，时间一长，鲜味反而散失，失掉了"草八珍"的妙处。

松茸

岁时大赏

松茸需要附着松树、杉树等生长，菌根从树木本身光合作用产生的糖类物质中吸收营养，目前无法实现人工栽培。这也恰恰也是它的诱人之处——完全野生，凝结了自然的精华，不受人力的干扰和安排，应该受到食客的格外尊重。

"有味使其出，无味使其入"，这是中国人处理食材的一种思维模式，我一直非常欣赏这句话——简单而直指本质。松茸是我所见的味道非常浓郁的蔬食，当然，它的制作方式就比较简单。简单不代表容易，但凡化繁为简，都需要深厚功力。要想做一份好的松茸饮食，首先你必须要有好的食材。

我和厨师长去菜市场的时候，往往会比较纠结。松茸这样的好食材，往往在每年7月才出产，到9月份基本也就走下坡路了。尤其是松茸的菌盖不能展开，一旦展开，香气韵味下滑得非常厉害，这种限定确实是一件麻烦事。它的出产期太短，对我们蔬食馆是个影响。但是谁能抗拒松茸的诱惑？这么好的食材，不用太可惜了！幸而，市面上出现了急冻产品，即在产地采摘后马上清洗、水煮，然后低温速冻，一般都可以保质一年以上。可是这样的松茸，香气已经差了很多，入口总觉得遗憾。

几经辗转，我和厨师长终于找到一位云南巍山的大姐，她在北京做菌类生意多年，她有一种急冻松茸，是在原产地连表层泥土一起急冻。这种急冻松茸，外皮黄色，但里面还是乳白色，闻起来香气不错。从品相上看，虫洞也相对较少。

厨师长用这种急冻松茸试验了香烧松茸。香烧松茸需要松茸切片拉油，再入锅炒。我注意到一个细节，在拉油的时候，松茸切片没有皱缩，色泽也没有太大变化。这些都说明，用此种方法急冻处理的松茸品质是非常好的。等到松茸吊水出清汤，嗯，香气非常浓郁，确实很理想。

　　找到了比较合适的食材，我和厨师长都很高兴。不过，云南松茸比较容易腐烂，接下来的问题是如何预估每日的准备量，不让食材过夜，这又让我们头疼了好一阵子。

●
松
茸

全素 煎鲜松茸

松茸📍云南　　　　岩盐📍巴基斯坦

主料┃鲜松茸（香格里拉的最好）

辅料┃芝麻油

调料┃橄榄油，岩盐，黑胡椒碎

做法

1.松茸不要用水洗涤，而是使用干净的湿纸巾擦去表面泥沙，尽量保持表面黏液。

2.松茸竖切片，不要切太薄，大约4毫米。

3.平底锅小火加热橄榄油，调入一两勺芝麻油。

4.放入松茸煎至两面金黄。

5.撒少许岩盐和胡椒碎即可。

松茸

　　我个人是比较喜欢云南松茸的。吉林也产松茸，但是香气不高，产量更不稳定；西藏林芝等地也产松茸，是青冈变种，质量不错，但是运输和保存都有些问题。云南香格里拉、大理、楚雄都产松茸，目前来看产业已经趋向于成熟。

　　市面上真正的松茸比较少，有一种姬松茸，也叫巴西蘑菇，形状和松茸类似，香气也很好，可是和松茸完全不是一个味道。吃起来，松茸滋润而且有韧性，却又很容易咀嚼；而姬松茸偏细，香气偏杏仁般味道，口感是脆嫩的。

黑松露
中国人这样对付它

　　云南是菌子的故乡，种类多得不得了，好吃的菌子也多得不得了。我基本上都很喜欢，从鸡枞菌到干巴菌，牛肝菌里从见手青到黑牛肝、黄牛肝、红牛肝，无论哪一样都鲜美到令人觉得幸福来得特别突然。最名贵的应该还是松茸，不过产量最稀少的应该是黑松露。

　　一提松露，最知名的还是法国松露，这和法餐在世界美食体系中的地位有很大关系。在法国，黑松露和肥鹅肝、鱼子酱并称为三大昂贵食材。从颜色上来说，松露有黑白两种，白松露更为稀少和贵重。白松露只在意大利和克罗地亚有少量出产，黑松露在意大利、西班牙、法国和中国均有出产。而中国的黑松露，只有云南出产。

　　但是大凡好吃而又稀少的东西，评价都会两极分化，喜欢松露气味的人认为松露香得不得了，所以在法国，一盘菜在最后撒一点黑松露的碎屑，都被认为是高档和美好的，更别提再滴上几毫升白松露油了。

　　松露到底什么味道呢？我觉得好像微雨打湿的丛林、古树散发的气息，而法国有位美食家的日记中友人描绘它为"经年未洗的床单"散发的味道。不管什么味道，这种味道在松林里极具隐蔽性，因为它和树林里的气息完全一致，必须依靠极为敏锐的嗅觉才能分辨。猪是嗅觉最好的家畜之一，所以法国人训练猪来寻觅松露，并且更喜欢训练母猪，因为母猪对于黑松露的反应更灵敏一些。

黑松露在云南，食用方法很多，绝不像国外那么"小气"。昆明有一家餐馆甚至推出了一系列用云南黑松露制作的菜肴。我比较喜欢的是黑松露蒸蛋，在黄嫩的蒸蛋上排着十几片黑松露，色泽搭配得俏皮而不张扬。

黑松露货真价实，有2~3个不同产地的品种，香气上有略微的差异，能尝到松露菌较其他菌子更为脆硬的质感。不过说实话，云南的黑松露在香气上还是无法和法国黑松露相媲美，差距是比较明显的。

在我们的蔬食馆里，我们想让它更香一点，就用黑松露来炒土鸡蛋。土鸡蛋的腥气和黑松露融合，在滚油中挥发成一种特殊的香，看着简单，味道却大受欢迎。松露只要成熟，即使不采摘，一年之后也会自然死亡，所以，如果遇到黑松露，就请尽情享用吧。

黑松露炒土鸡蛋

素高汤
只为这一碗坚持

我有一位当化学教授的好友，研究食用香精和色素。有一次我去他的实验室，他故作神秘地问我想喝什么茶？言下之意，他那儿的茶叶品种很丰富的样子。我就故意刁难他说想喝铁罗汉。

这位果真外行，挠挠头问我："铁罗汉是什么茶啊？"

我忍着笑说："武夷岩茶之一，福建茶。"

没想到这位说："行，知道了，等等"。不到十分钟，茶还真来了。一个充满茶渍的白玻璃杯，里面倒是一杯挺通透的茶汤。一闻，嗯，挺好的铁罗汉；一喝，怎么这么寡淡？香气和茶汤不融合啊！

我狐疑地看了他一眼："不错，挺像的。"

他心虚地问："你喝出来了？我这是香精和色素勾兑的。"

我说："你这是造假啊，说，你还能做什么茶？"

老兄神秘地笑了一下："所有茶都能做。"

虽然这也是正常的食品科学的一部分，可是，我始终很难判断，这对于食品本身来说或者对于吃东西的人来说，究竟是进步呢，还是无可奈何的自欺欺人？

说回到汤。我曾经看到一则"鸡汤"的广告语——"优选老母鸡，将美味融入汤汁，味美汤浓易吸收……"，作为一个搞食品安全的人，我第一反应就是看配料表，按含量多少排序，排名第一的是水，其次是盐，然后是谷氨酸钠（味精），精制鸡油（含丁基羟基茴香醚、二丁基羟基甲苯），再其次是鸡肉粉与一系列化学名称的增稠剂、增味剂等众多的添加剂。如此成分的浓汤一直在宣扬是妈妈熬汤的味道。我想了一下，估计他妈妈是化学老师。

这样的汤，还是汤吗？归根结底，是盐、味精还有香精。那少得可怜的鸡油、鸡粉一般都在配料表中排名靠后，并且没有标示所含比例，其实还是化学的力量，才最终使得这些汤膏有了直白、浓郁的味道，但这是真的味道吗？

真的味道，从来都是一种付出，你愿意花费时间、情感来做。"膏汤"是最早的名字，那是熬制后静置自然就凝成膏状的精心制作，后来才演化为"高汤"。只有这样的汤，在做菜的时候才能化平凡为神奇，才能成为一个厨师的安身立命之本。

蛋奶 吊制素高汤

主料 | 香菇蒂、海带、黄豆芽、胡萝卜、芹菜、鸡蛋

辅料 | 大枣、甘蔗

调料 | 盐

做法

1. 香菇蒂和黄豆芽洗净，海带切小块，胡萝卜切丁，芹菜切小段。

2. 甘蔗切小段，大枣撕开。

3. 除鸡蛋外所有主料、辅料一起冷水下锅熬煮，大火开锅后撒适量盐，继续小火熬煮三小时即成清高汤。

4. 鸡蛋打散倒入锅内，熬到汤色奶白，然后过滤，即得浓高汤。

酱爆藕条

得之泰然

中国有句老话叫作"四十不惑"，而我是在踏入四十岁的时候，才觉得各种"惑"纷至沓来。到了这个年纪，有了自己的坚持和审美，如果不能掌控心境和情绪，总希望别人顺着自己来，烦恼自然不断。抱着"得之泰然，失之淡然"的心境，方能"不惑"。

蔬食空间的有些素菜，几乎是所有食客都爱吃的，比如酱爆藕条，而食材得来也不麻烦，一年中有七八个月，都可以买到马踏湖的白藕。

我比较迷信"粉花莲蓬白花藕"，开白花的荷花藕是最好的。马踏湖的荷花都是白色花，藕切开有9个较大的圆孔，以中央圆孔为圆心，另8个圆孔周围均匀排列。成熟的藕质地细腻，圆润浑如羊脂白玉，生食甜脆爽口，熟食绝无渣滓。一切都符合我对藕的最高要求。其实这个藕本身也是很有名的，曾经也被拿来招待外宾。可惜后来沉寂了，倒是便宜了我，大有"得来全不费工夫"的泰然。

中国有句老话叫作"四十不惑"，我却觉得很难。而且恰恰是在踏入四十岁的年月，我才觉得各种"惑"纷至沓来——工作上的压力，掌管几个不同性质的工作单元；个人学识的陈旧，需要不断学习吸纳新的知识；家庭的未来——户口迁移、孩子上学、父母健康，等等。无数的困惑和无明，也就意味着无数的烦恼。

但是和三十多岁的时候相比，我又有了自己的喜好、审美和坚持。比如回了家，一看边角不干净，柜门没有关，孩子的物件东一件西一件，我就非常烦躁。

后来有一天突然明白了，这个烦恼的根源是什么呢？是希望别人一定要按照自己的喜好来。虽然是亲密的家人，可还是会有自己的想法和行为习惯，完全一致是不现实的。家，也是一个公共场所呢，因为不是一个人在生活，所以应该更多一些宽容。这样一想，果真没那么多烦恼。

也许四十不惑的意思不是到了四十岁就大彻大悟了，而是能够适当管控自己的心境，不陷于烦恼，致力于解决问题。从另一方面来说，你开始反思自己可以为家庭做些什么，而不再执着于自己干得多别人干得少。

时间一晃而过，我也到了四十，学着藕的那份"得之泰然，失之淡然"，继续努力，便也离"不惑"不远了。

普通莲藕

马踏湖白藕

全素 酱爆藕条

白藕♀马踏湖

葵花籽油♀大理

主料 | 马踏湖白藕

辅料 | 葵花子油（花生油太香，容易干扰藕的清气）

调料 | 五年陈酿酱油

做法

1. 白藕洗净刮皮。

2. 切成长 4~5 厘米的细条。

3. 热锅凉油至微起青烟（油要适当多一点）。

4. 下入藕条翻炒，直至表面微微变色，略微发黏（藕中的淀粉在表面糊化）。

5. 倒入酱油快速翻炒，上色均匀后即可出锅。

注意：烹制时全程火力要猛，翻炒要快。

马踏湖白藕

　　马踏湖是山东省淄博市桓台县东北部的一个湖泊，这一带地势低洼，从博山一带蜿蜒流来的孝妇河、乌河、猪龙河在这里汇流，形成了一片天然水域。传说，春秋战国时期，齐桓公称霸之后，在马踏湖附近会盟各国诸侯，众诸侯唯恐落入圈套而率大军蜂拥而至，大批战马将这里踏成湖，所以称作"马踏湖"。

昆布

锁住大海的柔软

以前有个笑话，说有个人，人穷志不穷，说话不输嘴。有一次别人问他午饭吃什么，他回答说吃海鲜，别人一听很奇怪，怎么他今天发财了，吃海鲜？结果往碗里一看，吃的是凉拌海带丝。可这话也没错，海带确实是海里产的，而且还挺鲜。

海带中有一个品种叫昆布，很多时候我们看到成品菜，海带和昆布是很难分得清的。但是从植物学的角度来说，它们有关系，是"堂兄弟"，但又不是一回事。我们日常所说的海带是海带科海带属的，而昆布是翅藻科昆布属的。但话又说回来，其实它们广义上都是海带目的，加上中国人不怎么分得清海藻，所以你愿意叫昆布为海带也是可以的，但是海带可不一定是昆布。

中国人对昆布的了解在古代其实是很丰富的，唐朝孙思邈所著《备急千金要方》一书中就有"昆布丸"的方子。而比之更早的一本《吴普本草》已经将昆布的

昆布

海带

紫菜

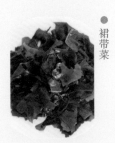
裙带菜

性味归经说得很详细了。中国很多食材之所以能够流传到现在，大都是因为好吃，而不是因为健康。就连代表了中国传统文化之一的茶都是这样的。比如，我点茶（类似日本抹茶，中国宋朝盛行）的水平还不错，可是点出来的茶我自己都不喜欢喝——太苦了啊，不能和当今顺滑的茶汤相比。

我们现在基本上已经很少用昆布入药了，可是做菜倒还是挺多的，在追求美味的基础上，更看重它的功效。记得小时候，得大脖子病的人挺多的，就是缺碘导致的甲状腺肿大，所以流行过一段时间碘盐。而我们家的做法就是我妈经常给我吃海带、昆布、鹿角菜（也是一种海藻）。万幸的是，我一直都没吃到厌烦。

不止中国，韩国人也十分重视食疗。韩国产妇并不像中国产妇那样大吃鸡蛋、鸡汤等高蛋白、高热量的食物去补养，反而把中国人认为性偏寒凉的海带视为滋补圣品，常常一吃就是三四个月。她们认为，海带热量较低，胶质和矿物质却很丰富，其所含的可溶性膳食纤维，比一般的膳食纤维更容易消化吸收，吃后不用担心发胖，对产后瘦身颇有帮助。海带有清除血脂的作用，因而是一种有助减肥的健康食品，能让产后的妈妈们身姿轻盈。海带不但能补充营养，易于吸收，而且有助产妇通乳下乳，实在是一举多得。所以，韩国的产妇饭桌上最常见的就是凉拌海带丝和海带汤，据说很快就能去掉赘肉，恢复昔日的曼妙身材。

海带汤和凉拌海带丝一般都比较清淡，想要吃到味道浓郁的海带类素菜，用卤水卤制是个不错的办法。这个时候选用昆布，味道和口感会好很多，因为它的质感要比大部分的海带柔软滑嫩。

葱蒜 卤昆布配白灵菇

昆布 ♥ 日本

白灵菇 ♥ 人工栽培

主料 | 昆布

辅料 | 白灵菇

调料 | 姜，蒜，香叶，草果，八角，桂皮，盐，红辣椒，醋，酱油，白糖

做法

1. 昆布洗净泡发，切成长方块。

2. 白灵菇洗净切片。

3. 将昆布块、白灵菇片和酱油、姜、蒜、香叶、草果、八角、桂皮、盐、红辣椒放入锅中加水一起烧卤，大火烧开后，加1小勺白糖和醋，小火继续煮1小时。

4. 关火后放至温度适口，装盘即可。

食客

昆布还真是"海里的鲜味"。天然的昆布上面有一层白霜，一定不要用水冲洗，如果有污渍可用干净的布擦拭，只需水泡发一夜，味道就极其鲜美。每次都要给喝到的朋友解释昆布和海带的差别，其实以后可以更名"海鲜汤"了。

—— 汤玉娇

30岁放弃百万年薪转行厨娘，每天花5小时给家人做饭，于料理食物中学会料理人生的美食达人

水煮宫廷蚕豆

一层层了悟

　　北方人总觉得鲜蚕豆有股怪味，要吃只吃"兰花豆"。兰花豆就是炸过的干蚕豆，把蚕豆用小刀割一个口，炸的时候外皮受热，向外张开，像兰花花瓣一样，所以叫"兰花豆"，也有通俗一点的，就叫"开花豆"。另外，浙江奉化溪口有个特殊品种，叫作"拇指蚕豆"，个头是一般蚕豆的两倍大，大如拇指，当年是作过贡品的。

　　任何食材其实都有它自己的优势和劣势，蚕豆也不例外。传统医学认为，蚕豆能益气健脾，利湿消肿，现在的人普遍湿气重，吃蚕豆非常有益，但是中焦虚寒者不宜多食，不少人也会产生蚕豆过敏的现象。烹饪蚕豆要配伍温性的食材，也可以多次烹饪，加热至全熟的蚕豆，过敏因子会减少很多。蔬食空间的招牌菜之一"水煮宫廷蚕豆"在这个指导原则下应运而生了。

　　为了克制蚕豆的味道，我们首先想到的是如何让蚕豆和多种香料结合起来，卤制是最好的办法了。卤好的蚕豆，口感绵软，粉质感很突出，而各种香料的味道浓郁，味道也比较丰富。但是好像还欠缺点什么。对，欠缺一些层次感——那种味觉的递进、叠加、组合、回味，难以描述的食物味觉美感。

　　怎么办？来个刺激的。厨师长想到了川菜中的水煮技法。川菜早期的水煮技法确实是用水去煮食材的，不像我们的水煮鱼，那就是一盆油啊。但我倒觉得这并不矛盾，用油去代替水实际上是对"水煮"的深化理解。水煮乃由凉到热，文火慢炖，蒸熟煮透，由近及远，由浅入深，才是它的真谛。如果水煮的介质由水换成油，这种细致入微的水火之变在食物的盛器内还会继续进行，不断深入，加上油脂分解本身的香气，和油中萃取的香料的香气，那将是一场美妙的复合反应。不论食客还是化学家都会为之兴奋。如果你觉得它油腻，那是肯定的，这么一来肯定会比真正用水煮要油腻。但是一餐饭是个平衡的饮食结构，而不应该只针对单道菜来判断摄入的热量。

推出宫廷水煮蚕豆的时节，正好是初冬，每餐饭都有好多次浓郁的香气从面前飘过，食客们听着刺啦刺啦的响声，那兴奋的期待，那入口的陶醉，让我觉得很是餍足。

水煮宫廷蚕豆

桃花胶

且带三分喜气

　　说到桃花，人们常说它"艳而不庄"，是比较轻浮的花，不如梅花、荷花端庄。然而，中国人又格外看重桃木。一种植物，花、枝评价并不相同，这也是很少见的。其实，桃树还产另一种东西，就是桃胶。桃胶是桃树自然分泌的树脂，但是并没有被叫作"桃脂"，大概这个得名来源于汉朝陶弘景的《本草经集注》，其中提到桃树，说"其胶，炼之，主保中不饥，忍风寒"。到了明朝，《本草纲目》则明确地指出了桃胶"炼之"的方法："桃茂盛时，以刀割树皮，久则胶溢出，采收，以桑灰汤浸过曝干用。"意思是桃树茂盛时，用刀割树皮，时间长了则桃胶自然溢出。采收下来用桑灰汤浸泡，晒干后用。如服食，应当按本方制炼，效果才妙。

　　桃胶的样子其实很漂亮，如同琥珀，是半透明的金褐色，煮好后只有一点点的苦味，桃胶入膀胱经和大肠经，一般都用作饮品。桃胶还有一个文艺范儿的名字——桃花泪，让我不由想起《诗经》里的《国风·周南·桃夭》这首诗歌：

> 桃之夭夭，灼灼其华。之子于归，宜其室家。
> 桃之夭夭，有蕡其实。之子于归，宜其家室。
> 桃之夭夭，其叶蓁蓁。之子于归，宜其家人。

　　整篇诗歌朗朗上口，读起来自带三分喜气——在那春光明媚、桃花盛开的时候，有位美丽的姑娘出嫁，诗人以桃花起兴，为新娘唱了一首赞歌。如果桃花真有泪，那也是喜悦的泪啊。

蛋奶 桃胶什果酸奶

主料 | 桃胶、原味老酸奶

辅料 | 苹果、覆盆子、梨（各色水果均可）

调料 | 蜂蜜

做法

1. 将桃胶放入清水中浸泡 12 小时左右，直至软涨（体积大概能涨大 10 倍）。

2. 仔细将泡软的桃胶表面的黑色杂质去除，用清水反复清洗后，掰成均匀的小块。

3. 将桃胶和水放入锅中，大火煮开后改小火继续煮 30 分钟，沥水放凉备用。

4. 各色水果切丁，加入原味老酸奶和桃胶拌均匀，表层淋上蜂蜜即可食用。

土豆
朴素的世界先生

    读书的时候，放假期间爱去山西各地同学家"流窜"，偶尔和同学去小饭馆打个牙祭。一般要菜单，老板娘就会手叉着腰走来："啥是菜单啊？我们只有一个菜。"啥菜？山西大烩菜，主料除了猪肉，另一个主角就是土豆，辅料一般是大白菜、粉条、豆腐之类，用酱油慢慢烧入味，很是好吃。

    山西人把土豆叫作山药蛋。以前文学流派曾经有个"山药蛋派"，那个时期的我，也曾经一边手捧赵树理的小说，一边指挥同学偷挖小树林里不知谁家的山药蛋。然后就地挖个坑，将山药蛋一股脑儿倒进去，再盖上一层土，盖上树枝，在上面点火，吊着腰子形的行军饭盒，煮着自带的饭菜。等饭菜煮到可以吃的温度，山药蛋也好了。刨出来，在手里滚来滚去地剥，这也是最热闹最受大家关注的时刻。

    现在虽然物资很丰富，但我也没吃腻土豆，反而越吃越有心得。家里常做的是土豆沙拉，蒸锅里放几个土豆、胡萝卜，蒸熟后用勺子压成泥。鸡蛋煮熟，切成丁，再切点苹果丁，加点橄榄油和盐，一起拌着吃。西藏有种土豆叫白玛土豆，翻砂很好，和其他食材一起烧炖，特别适合。大理的土豆适合短时间地焗，质感恰好处于面和脆之间。

    全世界的餐饮体系里面，都少不了土豆。记得有一年和西班牙米其林三星餐厅的主厨交流，他做了两道菜，其中一道是土豆饼，另外一道也是土豆饼。只不过，一道是传统平底煎锅做的，一道使用了分子料理的技法进行创新。

2015年，泰国诗琳通公主六十大寿，我去为公主宴会泡茶，也尝了一些皇室推荐的泰餐厅，对一道咖喱海蟹印象很深，后来不吃肉了，蔬食空间的厨师长正好做了一道咖喱大理土豆，我特别喜欢，这味道绝对是咖喱控和土豆控的真爱。

全素 咖喱土豆焗鲜口蘑

口蘑 📍内蒙古

土豆 📍大理

黄咖喱粉 📍泰国

主料 | 土豆（能买到大理剑川的更好）

辅料 | 鲜口蘑

调料 | 植物油、黄咖喱粉、椰浆、黑胡椒碎

做法

1. 土豆去皮切滚刀块；口蘑切片。

2. 油锅烧热，下入土豆块煎炸至面面微焦。

3. 另起锅热油，下入黄咖喱粉翻炒，接着下入土豆块翻炒几分钟，加入口蘑片，再加水焖煮至软。

4. 加椰浆再烧几分钟，至收汁稠浓即可。

5. 也可加一些黑胡椒碎，来增加味道的层次感。

松花蛋
你不懂的优雅

中国人的吃，高明之处不在于原材料的贵重，而是在于吃得富有诗意。清代诗人袁枚，每逢去某家吃饭，吃到一道好菜，回家后一定派家厨拜那家厨师为师。这样坚持了四十年，搜集到许多绝妙的烹饪方法，加上他自己的重新理解总结，这才有了《随园食单》。

作为一个著名诗人和文学家，袁枚不仅仅讲究饮食，还醉心于烹饪艺术。更具美食精神的是，他将中国古代烹饪经验和当时厨师的实践心得相结合，并且上升为理论。这个高度就是中国的"道"，在味方面的"道"。

中国古人从不轻易言"道"，一旦提及，定是关乎天地大势的规律，我们的书法、武术都没有得到这个字，但是古人却将"道"给了味。所以，中餐之所以呈现精彩绝伦的结果，那是因为它站在道的出发点上，这也是一个会吃的人吃饭和一个暴发户吃饭的本质区别。

中国人论"味之道"，从不生硬，而是充满了诗意。《随园食单》里有一段《疑似须知》：

"味要浓厚，不可油腻；味要清鲜，不可淡薄。此疑似之间，差之毫厘，失之千里。浓厚者，取精多而糟粕去之谓也；若徒贪肥腻，不如专食猪油矣。清鲜者，真味出而俗尘无之谓也。若徒贪淡薄，则不如饮水矣。"

这番理论不仅道理讲得很明确，而且"真味出俗忌疑似，浓厚清鲜两相宜"，明显就是诗啊。

即便市井俗人，做不到袁枚这般高妙大论，但在食材取名上也尽可能文雅，比如豆芽菜称作"银芽"，豆腐叫作"白玉"，笋片称为"玉兰片"，蛋白糊美称为"芙蓉"等等。并不是矫情，而是中国菜"味之道"在民间的一个通俗意象。

同样拥有优雅名字的食材，我很喜欢"松花蛋"。一听见"松花"这两个字，脑子里便浮现"饥食松花渴饮泉，偶从山后到山前""雨湿松阴凉，风落松花细"这样的优美，再不抵，也是"山中何事？松花酿酒，春水煎茶"的雅事。

松花蛋要想做到真的有"松花"，并不是件容易的事。松花蛋上那形似松柏之姿的白色花纹，其实是一场复杂的化学反应。蛋白质在放置的过程里会分解成氨基酸，包裹松花蛋的泥巴里被人为加入了一些碱性物质，例如石灰、碳酸钾、碳酸钠等，它们会穿过蛋壳上肉眼看不见的细孔，与氨基酸化合，生成氨基酸盐。这些氨基酸盐不溶于蛋白，于是就以一定几何形状的结晶表现出来，才形成漂亮的松花。

现今科学制作的松花蛋，铅含量控制在标准值以内，尤其是爱抽烟的男士，咽喉疼的时候吃几颗松花蛋，嗓子会舒服很多呢。

蛋奶 烧椒松花蛋

主料 | 松花蛋

辅料 | 青尖椒、红尖椒

调料 | 芝麻油、醋、酱油、姜末

做法

1. 先将青尖椒、红尖椒洗干净，直接放到灶火（煤气灶也可，操作应注意安全）上烧，注意翻动，直到表皮全部变黑，辣椒变软。

2. 把辣椒的黑皮去掉，辣椒切成细长条丝；最好是用手撕，手撕的味道总会好一些。

3. 加入适量的芝麻油、醋、酱油拌匀，打底。

4. 把松花蛋一切二，这样可以保持松花蛋的漂亮风姿，摆在烧椒丝上，在松花蛋中心点一点姜末和醋即可。

苦笋

与美文配，同古风存

每年五六月份，洪雅的苦笋就大量上市了。苦笋，顾名思义是苦竹的幼茎。很早以前，青衣江两岸苦笋产量之丰盛，价格之便宜，到了随处可品尝而"不论钱"的境地。时至今日，苦笋则很金贵了，甚至细嫩一些的，有钱你也不一定吃得到。

早在900多年前，"宁可食无肉，不可居无竹"的宋代文豪、眉山人苏东坡，在远离家乡多年后，仍念念不忘母亲河里细嫩的雅鱼，以及两岸满山遍野鲜美的苦笋。

苏东坡诗中写出脍炙人口的诗句："遥忆青衣江畔路，白鱼紫笋不论钱"。白鱼乃青衣江特产之雅鱼，紫笋就是洪雅一带产的苦笋，因笋壳呈棕紫色而得名。

我工作的川菜餐饮集团，最喜欢发掘四川食材特有的味道，沾这个光，我看到了苦笋的生长地，也尝到了各种做法的苦笋。这苦笋的味道么，一个字，苦；两个字，真苦；三个字，苦里鲜；四个字，回味无比。第一口确实很苦，比苦瓜还要强烈一些。然而确是非常脆爽，回味带了一丝丝甘甜，嘴里顿时生津，仿佛从里到外都清爽了。《本草纲目》说苦笋："苦，寒，无毒。主不睡，去面目并舌上热黄，消渴，明目，解酒毒，除热气，健人。"我深以为然。

其实早在唐代，就有人爱吃苦笋，还写了一篇书法，没有正式的名字，只好叫作《苦笋帖》："苦笋及茗异常佳，乃可迳来。"这个人是谁？狂草之"草圣"怀素是也。到了宋朝，苏东坡自己爱吃苦笋，还把这一喜好传染给他的弟子黄庭坚。

黄庭坚一生因苏轼而沉浮，可是不改其志，对苦笋也是大爱，还专门写了一篇《苦笋赋》：

"余酷嗜苦笋，谏者至十人。戏作苦笋赋，其词曰：僰道苦笋，冠冕两川，甘脆惬当，小苦而及成味，温润稹密，多啗而不疾人。盖苦而有味，如忠谏之可活国；多而不害，如举士而皆得贤。是其钟江山之秀气，故能深雨露而避风烟。食肴以之开道，酒客为之流涎，彼桂玫之与梦永，又安得与之同年。"

这篇文章我觉得写得非常好，因为把苦笋的特点说得非常透彻。

苦笋的做法多样，可以切了片做酸菜苦笋汤；可以加了绿油油的芥菜，炒成芥菜苦笋，还可以加入锅仔中，做成苦笋杂菜煲；也可以凉拌，加些雪菜末是极好的。最妙的是这么多文豪为它写文章，正可下饭。当年我看书上写古人喝酒没有下酒菜，取出《唐诗三百首》，读一首，欣赏间手舞足蹈，喝一口白酒，以诗下酒。那时我并不理解，等到和苦笋相遇，才了然，以美文下苦笋，最有古风。

 出土
 采笋
 上市
 剥壳

茶籽油
茶茶皆不同

很多植物，都有个"茶"字，但功用各不相同：山茶属的金花茶用于做饮料；油茶为油料植物；云南山茶为著名观赏花木，是我插花的时候很喜欢用的花材；而大理茶普洱种又是很著名的茶叶饮品。

我们有道菜，客人说是家常菜，怎么卖得还挺贵？我说是茶籽油炒的，客人立刻就改口风了，说："哦，那不贵。"可见，大家都知道，茶籽油是挺金贵的油。

茶籽油，就是油茶榨的油，准确地说，是油茶树的种子。榨油，传统上都是冷榨。把油茶籽挑拣一遍，放在锅里炒干，千万不能炒焦，然后磨成粉。倒不是像面粉那么细，还是有小颗粒的。之后再把磨出来的油茶粉子放在锅内蒸熟，蒸的火候是出油的关键。之后要做饼，把蒸好的油茶粉子，填入用稻草垫底的圆形铁箍之中，做成坯饼或者叫枯饼，一榨50个饼。

之后才是真正的榨油。将坯饼装入由一根整木凿成的榨槽里，槽内右侧装上木楔就可以开榨了。"油槽木"是主要受力的部件，长度必须5米以上，直径不能少于1米，中心凿出一个长2米、宽40厘米的"油槽"，油坯饼就填装在"油槽"里。

开榨时，掌锤的师傅，执着悬吊在空中大约15千克重的油锤或者叫"撞竿"，悠悠地撞到油槽中"进桩"（顶端包有铁箍的特殊木楔子）上，于是，被挤榨的油坯饼便流出一缕缕金黄的清油，油从油槽中间的小口流出。经过两个小时，油几乎榨尽，就可以出榨了，出榨的顺序，先撤"进桩"，再撤木楔，最后撤饼。

将榨出的油倒入大缸之中，密封保存。榨油就完成了。

以前传统的人工榨油方式现在被更高效的榨油机器所取代，人工榨油已经很稀少了。但是用传统的木制压榨机榨出的油与机械压榨的油有很大的不同，虽然不像工厂榨的油那么清亮通透，可是质感稍厚且味香，而且储存时间也比机榨的油要长。

油茶树本身的功能比较单一，就是榨油，茶籽油的饱和脂肪酸含量比其他各种食用油低得多，甚至比橄榄油还低。因其脂肪酸组成、油脂特性及营养成分都可与地中海橄榄油媲美，所以被盛赞为"东方橄榄油"，长期食用有利于预防血管硬化、高血压和肥胖等疾病。

茶籽油并不算贵的，平常喝的茶叶的茶树种子也可以榨油，叫作"茶叶籽油"，一字之差，贵的不是一点半点。为什么贵？除了出油率低，茶叶籽油含有其他油不太可能有的茶多酚。而除了茶多酚这个强抗氧化剂之外，它的结构也最为合理。橄榄油和茶籽油以单不饱和脂肪酸的含量高见长，但其中的亚油酸、亚麻酸等多不饱和脂肪酸含量偏低，因此 $\omega-3$ 的比例就明显不足。$\omega-3$ 在深海鱼体内含量丰富，对人类的心脏健康有着重要的意义。而茶叶籽油的亚油酸、亚麻酸等多不饱和脂肪酸含量较高，配比合理。以普洱茶油为例，亚油酸、亚麻酸的比例接近4:1，接近深海鱼油水平，为国际推荐标准。这些都决定了茶叶籽油的价值。

秋葵

比我还高的蔬菜

　　和厨师长一起去四川寻找蔬食灵感，一路下来，印象最深的人是曹八娘。七十岁的老人家，头发梳得一丝不苟，衣服浆洗得干干净净，灶台、碗具一尘不染，调味自然纯美，我们都被这一颗匠人之心所感染，而曹八娘的米豆腐已经成了丹棱的名片之一。印象最深的食材是可以榨油的牡丹。但是可以马上学习来转化成菜品的，是秋葵。秋葵表面略扎手的茸毛，黏黏的、起丝的汁液总带有点独特气质。

　　我以前也吃过秋葵，但是不知道它的生长状态。后来在国家级秋葵基地转了一圈，那感觉，真是太好了！在蔬菜中翻飞起舞的白色蝴蝶，穿过菜园潺潺流淌的清澈水流，马上就可以摘下来吃的蔬果，这些都是太久没有见到的景象了，感到天地都为自己注入能量。走到一片作物稀疏的地块，看到很多一人高的作物，带我们参观的人说，这就是秋葵啦。咦？我一直以为秋葵是地上矮小的植物，没想到居然可以长到这么高大。赶紧跑上前，和一株秋葵合影，仿若认识的新朋友一样。

　　我非常喜欢吃秋葵，因为胃不好，而秋葵的黏液蛋白是能够有效保护胃壁的。秋葵的形状像是缩小的羊角，中国有的地方叫它"羊角豆"，也像是青辣椒的形状，所以也叫"洋辣椒"。这都不算有趣，有趣的是当天还纠正了我对秋葵的一个认知——不论外皮是绿色还是红色，都应该叫作"黄秋葵"。

　　红色的秋葵是黄秋葵种中一个果实外皮红色的品种，和绿色的秋葵一样都是锦葵科秋葵属的一年生草本植物，所以秋葵虽然长得高大，但它并不是树。红

秋葵的红色遇热会逐渐褪去，所以只要是热菜，基本上看不出来是不是用红秋葵做的。

秋葵的花和种子也都可以食用，干花主要用来泡水，种子主要做成治疗胃病的药物。另外，秋葵和蜀葵是亲戚，蜀葵花和秋葵花很像，蜀葵在四川遍地皆是，它的花语是"梦"。蜀葵的花并不娇艳，但是它不在乎别人的目光，毫不收敛，安安静静却又大大方方地绽放，愿意在哪落脚就在哪生长下去，高兴开成什么颜色就开成什么颜色。这份肆无忌惮绽放的勇气，让人不注意都不行。所以梦想都是靠坚持的，努力生长，就会达成自己的梦想。

葱蒜 秋葵炒杂蔬

主料 | 秋葵

辅料 | 香菇、小油菜、青红辣椒

调料 | 橄榄油、盐、葱花、姜、酱油

做法

1. 将秋葵和青红辣椒洗净切段，小油菜洗净沥干，香菇洗净切片，姜切末。

2. 秋葵段焯过沥水。

3. 炒锅入橄榄油，先将葱花、姜末、青红辣椒段投入翻炒。

4. 再将小油菜、秋葵段、香菇片投入合炒，调入一点热水和少量酱油，加盐调味后即可出锅。

姜艾
和合之美

这个世界上，没有任何一种东西百分之百都是好的，没有一点副作用。一种东西必然有另一种东西与它相配，相爱或者相杀。人如此，食物也一样。

我特别地爱茶，几乎一日不可无此君，茶的保健作用自然也享受到了，可是茶整体是偏寒性的，我每天摄入的茶量又高于一般人，虽然也用煮的方法或者多喝老茶，然而脾脏的功能还是虚弱了，人整天懒洋洋的。

喝茶、贪凉造成的脾功能弱化，另外一种常见的食物却可以很好地提振脾的力量，它就是姜。传统文化认为，姜的表皮是寒性的，内部是热性的，而适当地陈放会让其性质变得更加温和。我请厨师长专门寻找了陈放两年的山东小黄姜，然后打掉姜皮，在日光下晒干。再用研磨机研磨成细粉，它的味道闻起来远比一般的姜粉要冲，冲泡后喝下去，后背的上部会迅速发热，额头也会起微汗，整个人都觉得舒服很多。

再后来，由于工作生活长期不规律，我的胃也不好了，除了姜粉，我又喜欢上了艾草。我常用艾条熏神阙穴和中脘穴，针对脾胃虚寒很有效果，特别是闻到艾烟，并不觉得难受，反而精神也好了很多。开始没有关注，觉得艾条都差不多，直到朋友送了陈放五年的精选艾条，熏燃了一次，那种芳香、那种热力，药店里的普通艾条实在难以与之相比！我这才好好地关注艾草，而这一关注，我发现艾草不是只能熏燃治病，居然是可以食用的！

其实，以前去四川洛带古镇游玩，很爱吃当地的一种小吃就是艾蒿粑粑，只是当时我没把艾草和艾蒿联想到一起，不过是当成有关艾草的两个名字罢了。艾草在北方制成艾灸的艾条比较多，在南方食用的比较多。

我们蔬食馆最早买的食用艾草就是素食星球的艾草套装，里面有艾草饼干、艾草茶和艾草粉，它们都被装在很实用的布袋子里。艾草饼干很快吃完了，艾草茶也不时地泡点水喝，就是艾草粉的利用率比较低，想起家里还有很多有机的小麦粉，那就做艾草面条吧。

葱蒜 艾草阳春面

主料 | 面粉

辅料 | 艾草粉

调料 | 葱花、酱油、芝麻油、菌菇边角余料

做法

1. 菌菇边角余料加清水熬煮为素的清汤。

2. 面粉中放入1/5的艾草粉，分几次加水和成软硬适中的面团，盖上湿的纱布饧（面团变软）20分钟。

3. 面团取出再揉5~10分钟，将面团按扁，擀成大薄片。

4. 均匀地撒上面粉，防止粘连。将面皮叠成若干层，用刀切适中的宽度。

5. 将切好的面条抖散。

6. 锅中清水烧沸，放入面条搅散后煮至断生。

7. 碗内倒入适量酱油，将面条捞出盛在碗内，撒上葱花，冲入菌菇清汤，点几滴芝麻油即可。

叁

素味江湖

泡菜

四川人的坛子，无所不能泡

一说泡菜，人们首先想到的是四川泡菜，继而是韩国泡菜，其实，北方也做泡菜的。拿我家举例，以前泡菜原料基本就是白菜帮、卷心菜叶子（掰段），放在坛子里，加上盐、花椒，倒上温开水，封好口，过一阵子就可以吃了。不过，说到把泡菜做得天花乱坠的，那还得是四川人。

你问四川人做泡菜的要点，十个有九个会说"你得挑个好泡菜坛子"。去菜市场一看，四川人的泡菜坛子通常是比较大的，和他们比起来，我们的只能叫"泡菜罐子"。挑泡菜坛子有些诀窍，首先要看着顺眼：表面光滑，胎体没有破损暗裂，上釉的地方比较均匀；其次是听声音，耳朵伏在坛子口，听见如潮汐般的声音才行，回声越持久越好。据说四川人以前挑坛子，都会准备草纸一张，把坛子口外圈密封沿倒上一多半水，将草纸点燃扔进坛子里，盖上内盖，扣上密封碗，好的坛子，嗖嗖嗖就把水吸进坛子里去了。

坛子挑好了，就准备食材。四川泡菜其实就一句话——无所不能泡。就蔬菜来说，可以腌渍的蔬菜种类很广泛，常见的是豇豆、卷心菜、白萝卜、水萝卜、胡萝卜、藕、芹菜、莴笋、仔姜、二荆条红辣椒等。先把粗皮、老筋、黑斑之类的处理干净，洗净控干水分（很忌讳生水），切条切块。然后开始准备泡菜水：把井盐、朝天椒、八角、花椒、白糖和清水倒入锅中，大火烧沸后转小火再煮10分钟，使各种香辛料的味道完全融入汤中，再离火将制成的泡菜水彻底放凉。事先将

泡菜坛洗净，完全阴干水分，再把各种切配好的蔬菜放入坛中，加上泡菜水，不仅要完全浸没而且要高出几厘米，也要加点白酒。之后盖上内盖和密封碗，用清水注满坛沿，置于阴凉处，一般10天即可食用。

四川人做泡菜很忌讳铁器，切菜、放置什么的一律使用不锈钢器具。又很在乎"老水"，只要泡菜水不坏，一定是持续使用的。如果觉得泡菜水的力度不怎么够，一般先泡芹菜，据说酸度会很快提升。泡菜尤其忌油，夹泡菜的筷子是洗干净后晾干专用的，谁要是吃着饭用吃饭筷子去泡菜坛子里夹泡菜，肯定要被说的。

我吃四川泡菜，一爱豇豆二爱仔姜，胃口不好的必备之宝也。

仔姜

豇豆

五夫莲子

素面朝天的本真

　　武夷山不仅盛产茶叶，还产很好的莲子，当地人叫"五夫白莲"。五夫是个镇，本来也很普通，可是历史上出了个大名人朱熹，之后历代尊崇有加，山川总因人文而毓秀。我第一次听"五夫白莲"，以为白莲就是白色的莲花，后来一看成片的荷塘，那开的都是粉红色的荷花啊，当地朋友说"白莲"指的是白莲子。俗语说"粉花莲蓬白花藕"，开白色花的藕根好吃，开红花或粉红花的莲子才好。

　　朱熹是唯一非孔子亲传弟子而享祀孔庙且位列大成殿十二哲者之一。朱熹10岁父亲去世，母亲将他带大，在五夫当地，还流传着"朱夫人白莲教子"的故事。一碗莲子究竟有多大的教育意义，还是要看吃的人。

　　而五夫莲子的质量确实是我所见过莲子之中最好的。初见五夫莲子，我觉得并不理想，因为干莲子不好看，表面有凹凸不平皱缩的纹路。及至发好煲糖水，我吃了一颗，便惊为神品——那种入口即化、清香甜糯的感觉绝无仅有。问了厨师长，说制作过程中稍炖即熟，久火却不化，时有清香扑鼻，他也很惊喜。再吃几口，软糯流于口，馨香流于心。和当地朋友详聊，才知当地传统手工制莲工艺是用柴火灶烘烤莲子，不用任何机械工具，更不用化学药水熏染。所以莲子的表面有比较粗糙的凹凸纹路，不完美的外表，恰恰证明了素面朝天的本真。

　　我记得朱熹有首诗："半亩方塘一鉴开，天光云影共徘徊。问渠那得清如许，为有源头活水来。"说不定当年这半亩方塘也种满了五夫的荷花吧？

粉红色荷花 | 莲蓬
白色荷花 | 莲子

● 粉红色荷花：红色、粉红色的荷花结出的莲子颗粒饱满，是没有变种的莲子花。而这种色彩的荷花藕根比较细小而粗老，不适合食用。

● 白色荷花：白色的花为食用藕种开出的花，鲜嫩爽口。而这种花结出的莲子颗粒细长，不适合食用。

● 莲蓬：到了夏季，刚采摘下来的莲蓬口感清香、甜润可口，生吃是绝好的零食，还可以养心安神。

● 莲子：莲子干燥后，变成了药食两用的佳品，既可以炖汤，又可以入药。

紫苏梅饼

有君伴凉宵

美好的地方，总有很多美食，而这些美食，越是小吃越能体现风土人情，以及沧海桑田变幻中的温情。大理多的是乳扇、话梅、核桃饼……也有米线、饵丝、砂仁条……名单似乎没有终结，因为永远可以有新发现。

不太常见的倒是紫苏梅饼。我第一次见到它的时候，就被它美丽的外表吸引了。紫苏梅饼是一块紫色的亮丽莹润的东西，神秘、诱人、梦幻，抑或带着一丝暖昧。买了一块，我太太看见了说："哦，这个东西，我们白族叫冰梅饼，你看……"她还没吃，只是一捏，接着说："这个要晒干，这块还太湿，看你是外地人……"我无惧各种打击嘲讽，狠狠地咬了一口……我的天哪！口腔中先是紫苏的凉，然后是猛烈的酸，接着还有咸，然后还有另外一种酸，过了很久，喉咙中一丝丝的甜。

待我恢复正常之后，太太检视了一下剩下的冰梅饼，说："嗯，紫苏叶子还挺新鲜，里面包着酸梅子末，还有酸木瓜末，加了盐打成酱，看起来还很好吃。"说着咬了一口，很享受的样子。她这个样子，倒是又让我想起了尺八明暗对山流的冢本平八郎先生。我们一起吃饭的时候，冢本先生总会拿出一个小盒子，里面是从日本带来的腌梅子，吃一点，送一口米饭，也是很享受的样子。我望梅止渴，口腔里面巴甫洛夫高级神经反应比较剧烈，于是老师让我也尝尝。我兴奋地吃了一个，立刻很有礼貌地、非常文雅但又坚决拒绝再吃第二个。

中国古代就用梅子调味，晚唐文学评论大家司空图曾说："梅止于酸，盐止于咸，饮食不可无盐梅，而其美常在咸酸之外。"也许，日本梅送饭、大理紫苏梅饼皆为中国古代食风子遗尔。

除了紫苏梅饼，在大理我常接触的、也很能接受的小吃是冰粉凉宵。冰粉就是将冰粉籽包揉在纱布中，在水中使劲搓出半透明晶体，然后用石灰水一点，凝成透明如冰之块。不光在大理，西南各省都很多见。凉宵倒不如冰粉常见，此凉宵非"天涯霜雪齐凉宵"之凉宵，没有那么凄幽悲愤，却与"良宵"同音，颇能引起好的联想。米粉制成小段，形如小的白色湖虾，我因而更愿意叫它的另外一个名字——"凉虾"，形象生动，食之意也。冰粉凉虾共居一器，本身都无味，要加已经煮好的糖浆，是用红糖和玫瑰花瓣制成，色赭酱，味甜香，又可以撒各色水果丁，味道颇佳。

紫苏梅饼

西塘芡实糕

软糯之中见风骨

中国人爱水，是一种骨子里的继承。中国的文化里，水是以柔克刚的水，至强却也至柔。所以中国人看见城市里的一汪浅池、内陆的水巷纵横，都会有一种从心底生出的由衷向往。

水乡最知名的，不外乎江南——周庄、同里、甪直、乌镇、西塘是也。各人有各好，我最喜欢的是西塘。西塘的桥千姿百态，水巷绵密，岸边檐廊宛转如清歌，其实其他水乡也大抵如此，然而总归感觉是不同的。

西塘有几样自己的小菜，虽然不如周庄万三蹄髈那般出名。然而有种点心，却是我百吃不腻的。西塘很多家在做，然而好友文山告诉我一家叫作"三方"的铺子最好。文山在西塘开客栈，我去看他，彼此都觉得沧海桑田，对人情世故都有所疏离，偏偏年轻时认识的朋友，交情却是十年不见而未有一毫生分的。文山也是个喜欢世界各地到处游历的人，我便信他。有时候，美食在于你的心境，经历恰是其中难以学习的评价要素。

这种点心，便是芡实糕。芡实糕，顾名思义，是用芡实为原料做的。芡实是个挺奇怪的东西，其实我也没觉得它有什么特殊香气，可是就是爱吃。后来想想，也许是芡实有股难以描绘的"清气"吧。江南人自古水润，他们把芡实、茭白、莲藕、水芹、茨菰、荸荠、莼菜、菱角合起来叫作"水八仙"。

"仙"属于道教，道教尚"清"——从内而外清净了，不是神仙胜似神仙。江南自古繁华，富庶且多雅客，并不十分羡慕神仙，还不如腰缠十万贯，骑鹤下扬州。所以，江南人的做派和神仙差不多，吃东西也是清妙的。水八仙尤其如此，吃来吃去，总归是一团清气，化成无限妙而无言的鲜美。芡实在江南当然是直接吃的，到了北方离水太久，只能干磨成粉。其实北方人也熟悉的，我们做菜爱"勾芡"，勾的就是芡粉啊。

现今的芡实糕由芡实粉和糯米膨化粉精制而成，可以一片一片大大咧咧地撕开而不掉渣，但也绝不会软糯没有风骨，是细腻中带着嚼劲。西塘的"三方"也卖八珍糕，据说是西塘最传统的糕点，芡实糕也是八珍糕改良而来。所谓八珍，就是八种中药材，山药、莲子、芡实、扁豆、砂仁、茯苓、米仁、白糖为粉，湿糊成长方形糕，再竖切长方形薄片即可。色泽是深灰色，粉质细腻，但和芡实糕口感不同，芡实糕是绵软，八珍糕是松脆，略有中药味，但总觉得没有芡实糕那么好吃。

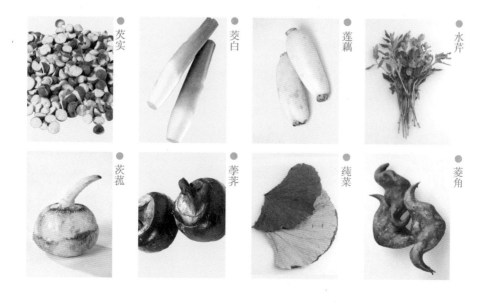

芡实　茭白　莲藕　水芹　茨菰　荸荠　莼菜　菱角

豆腐琼瑶浆

三顿不吃心就慌

　　葡萄酒里有一种酿造品种叫作"琼瑶浆"的，用它酿的白葡萄酒，香气风格十分浓烈明显。作为一个对文字敏感的人，我一下子就记住了琼瑶浆。翻译这个名字的人一定是个熟悉中国传统文化的老者，用了这么好的一个词。琼瑶浆除了是引人遐思的酒饮之外，在食物里我觉得能达到这种联想口感的食物，大概就是建水的豆腐了。

　　云南古城建水，在我心中是云南的"三朵金花"之一。另外两朵，一朵是大理，白族风情和苍山洱海交织，明丽无双；一朵是腾冲，边境小城，然而文风鼎盛，北海和温泉地貌奇特，风景怡人。而建水，则是"滇南邹鲁"，保存了大量的儒家文化。

　　我最早知道建水，是因为建水的紫陶。建水紫陶是很不错的陶器，以前云南汽锅鸡的汽锅都是使用建水的陶器，做出来的鸡肉鸡汤鲜美无比。建水紫陶的茶具也很适合泡茶，如果是做了填刻的装饰，就更加漂亮。可惜这一两年炒作得厉害，一把小壶稍微做了一些装饰，动辄一两千，我便也就不用了。

　　不过有一样东西，我还是放不下的，贵也贵不到哪儿去，就是建水烧豆腐。建水一到夜间，路边基本都是摊子，卖各种吃食。烧烤摊子尤其多，烤韭菜、烤鸡脚，等等，街上人声鼎沸，尤其是烧豆腐的摊子，总是围满了人。

　　建水本身不产大豆，可是盛产豆腐。做豆腐，最重要的是水。建水的古井甚多，但人们执着地认为西门外大板井的水最好，泡茶、做豆腐都必须用这口井的水。

和北方放在几尺见方的豆腐木箱中压榨水分不同，建水豆腐要用干净的小棉布包成一小块，放到边上，榨干水分，取出来整齐地放在竹匾或者是木板上，就可以直接食用或者烧烤了。但是也有人喜欢吃毛豆腐，就是让豆腐霉变，长出菌丝，然后可以直接烧烤，也可以风干再烧烤。

烧豆腐是用类似抽屉一样的铁皮炉具，下面烧炭，上面架铁丝网。也有特简单的，搪瓷洗脸盆上面架一铁丝网也能用。烧烤豆腐之前，要先在铁丝网上抹上菜籽油，这样豆腐不会粘在铁丝网上。烧烤时要随时翻动豆腐，以防烤焦。技艺熟练的师傅们都是直接用手掌轻按在豆腐块上搓动，让它们翻面。在豆腐被炭火烤得"嗞嗞"地冒热气时，豆腐的颜色逐渐由玉白变为嫩黄，体积也膨胀起来，基本会类似一个微圆的豆腐球，结实、饱满。更诱人的是，"嗞嗞"冒出的热气在空气中迅速转换成一股义无反顾的豆腐特有的香气，吸引人们不断上前。

烧好豆腐后，就要拼调料的水平了。不同摊子都有自己的蘸料配方。但是一般是两大类：干粉和湿汁。干粉的基本原料是干焙辣椒和盐，加芝麻和花生碎，都是为了提香，各家各显手段；湿汁基本原料是腐乳汁，也有加酱油、葱花、芝麻油、蒜蓉、小米椒等，不一而足。

当地人吃烧豆腐，一定用手掰开再蘸料。香脆的外壳里面是松软的嫩豆腐，最适合吸收蘸料，吃到嘴里，香气中蕴含饱满的汁水，你首先想到的是，呀，赶紧再烤30块，因为肯定不够吃啊。

烧豆腐，以前只在云南石屏、开远、建水、个旧、弥勒、宜良、昆明等交通主干道沿线流传。明朝初年即有生产，清末曾被选为贡品。还是本地人形容烧豆腐最到位——胀鼓鼓黄灿灿，四棱八角讨人想，三顿不吃心就慌。我这已经是边写，心里边想得慌了。

娘惹菜
咖喱控的小幸福

虽然我不习惯印度菜，却是十足的咖喱控。以前还没有吃素的时候，去了有咖喱的餐厅，一般都会点绿咖喱羊肉、黄咖喱鸡肉、红咖喱牛肉，如果人多，就会加上一个咖喱炒饭。后来偶然的机会，接触到了马来西亚的咖喱，做出的娘惹菜甜味比较大，而且添加椰浆了，味觉层次更丰富，也是让我爱到停不下来。

咖喱之所以神奇，因为它是一个庞大的味觉层次组合，类似于中药的组方，产生了1+1+1+1……＞100的奇妙效果。其实咖喱是音译，源于泰米尔文，意思就是调料。而在印度，咖喱这个词事实上很少用。

在印度北部和巴基斯坦，叫作咖喱（kulry or khadi）的菜肴一般都含有酸奶酪（yoghurt）、酥油（ghee）或印度酥油，而在印度南部，一切加了酱的复合香料的菜肴都可以叫作咖喱。中国人和英国人对咖喱的阐释是一致的，即包含着姜、大蒜、洋葱、姜黄、辣椒、小茴香等香料的复合品。

绿咖喱里加了更多呈现绿色的蔬菜，例如香菜、斑兰、香茅、青柠檬皮、薄荷等，呈现出黄绿色，富含更清新的香气；红咖喱里面有更多的印度红辣椒，其实没那么辣，但颜色很讨巧，非常增加食欲；黄咖喱主要的是姜黄粉，辣中带一点点的酸，最适合亚洲人的普遍口感。这是从常见颜色上来区分的。

从不同国家和地区来看，泰国的咖喱最为适合中国人的口感；印度的咖喱香料过多，略有苦味；马来西亚的咖喱尤其是娘惹菜别走一脉，甜味比较大，也更喜欢添加椰浆，味觉层次十分丰富；而日本咖喱则显得稍微细腻了一些，因为他们有时候会在咖喱里面添加水果泥。

咖喱实在是个好东西，好做好吃也没太大负担，天冷的时候吃一口能暖上半天，天热的时候吃一口又能开胃，和食材也是百搭。

说到马来西亚的咖喱，不得不提娘惹菜，我早在北京就接触过，是在马来西亚驻华大使馆开办的一家餐厅。"娘惹"，是指马来西亚人和中国人的女儿，如果是儿子就称为"峇峇"，反映了华侨不断融入当地社会的决心和努力。可惜，中国人都长了一副思乡的胃，饮食上不能完全改变，在福建菜和马来西亚饮食习惯融合的基础上，娘惹菜横空出世。而马六甲是马来西亚最早有华人移民的地方，所以娘惹菜亦最正宗。

其实，娘惹菜的做法基本还是中国化的，但是应用了不少当地特产配料入馔。例如菠萝、椰浆、香茅、南姜、黄姜、亚参、椰糖等，柠檬、斑兰等更成为不可少的佐料。这道咖喱杂拌蔬菜，咖喱本身很香，加上椰浆来调味，除了增加了另一种香气之外，口感上更能突出和配合多种蔬菜的甜美，我配着吃了两碗米饭才觉得过瘾。

红咖喱酱

黄咖喱酱

绿咖喱酱

葱蒜 娘惹咖喱杂拌蔬菜

黄咖喱粉 ♥泰国

椰浆 ♥泰国

主料 | 土豆、胡萝卜、西蓝花

辅料 | 洋葱

调料 | 植物油、黄咖喱粉（2勺）、椰浆、盐

做法

1. 先将土豆、胡萝卜、洋葱、西蓝花洗净，土豆、胡萝卜切块，洋葱切小片，西蓝花撕成小段。

2. 热锅凉油，油热后先炒咖喱粉。

3. 将土豆块、胡萝卜块下锅翻炒，加一点水略煮。

4. 加入西蓝花段翻炒。

5. 炖煮土豆块、胡萝卜块至表面糊化、西蓝花段变软后放洋葱片。

6. 加椰浆、盐煮开拌匀，即可出锅。

食客

把平凡的食材调出不平凡的味道。咖喱一直是我最爱的一道菜，身为咖喱控，到餐厅只要有咖喱就会点，而这份咖喱土豆的味却是我吃过最特别，最用心的一道。咖喱配上椰奶的浓郁香味是平凡又巧妙的融合。

—— 朱信宗
演员、素食者

牛油果
超级营养能量块

　　以前看过一条信息，说是早在新石器时代，体型庞大的猛犸象除了吃豆类和树皮，更喜欢牛油果，因为能提供比树皮多很多的能量，可以更好地抵御寒冷。而这些被猛犸象吞进肚子里的果子，坚硬的果核在排出猛犸象的体外后更容易破壁，发芽生根，又长大为新的果树，结出更多的水果。所以早在满足人类的口腹之欲之前，牛油果就已经是这个星球神奇的植物之一了。

　　我在美国工作的那段时间，单位楼下就是一个大型的超市，里面有很大的木箱，分堆摆放不同颜色的牛油果——绿色的是还未成熟的；深绿的是在成熟中，一两天后可以食用的；棕绿色的是已经成熟，一天内可以食用的；墨绿色的是过熟的，晚上你就吃掉吧。而且每只果子上都贴心地贴着分类小标签。我经常开心地买五六个，回公寓在冰箱里放好，每天一个，换着法子吃。用同事们的说法是我吃牛油果已经到了"丧心病狂"的地步：他们见过我切成片直接吃，也见过我和香蕉打成浆和着吃，还见过我用意大利青酱和牛油果泥拌意面吃。终于有一天没看见我吃牛油果，他们很奇怪地问我，我回答："在烤箱里呢，还没烤好。"话音刚落，基本人就不见了，各回各屋，剩我一个人开心地等着烤箱的铃声。

　　牛油果和榴莲是一样的，爱的人爱死，讨厌的人敬谢不敏。确实，牛油果滑腻的口感，喜欢的人觉得绵密香浓，讨厌的人觉得油腻诡异。但是牛油果真的是超级健康的营养能量块啊。它含有丰富的膳食纤维，这意味着能够解决很多人

的便秘问题；它含有丰富的叶酸，这意味着有利于胎儿的发育；它含有一定的镁，可以减轻我的偏头疼；它还含有油酸，是一种降血脂的植物油脂；而它含有的叶黄素、卵磷脂、维生素，对用眼过度的人很有益处，还能滋润分叉的头发以及干燥的肌肤。

不过，这世界上可没有十全十美的好事。牛油果唯一的缺陷，就是它的热量很高，别看是水果，你若大量吃它，也有可能吃成胖子，所以，每天不要超过半个吧，否则，体形也会变成一枚牛油果啦。

蛋奶 烤牛油果鹌鹑蛋

主料|牛油果

辅料|鹌鹑蛋

调料|黑胡椒碎、海盐

做法

1. 竖着切开一只牛油果。用刀揳入果核，小心地拔出果核，在果肉上划出网格。

2. 打入鹌鹑蛋，小心不要从果核的空窝溢出。

3. 均匀地撒上黑胡椒碎和海盐。

4. 烤箱预热200℃，烤10~15分钟即可。

5. 不吃蛋的朋友们可以直接烤牛油果，烤好后倒入酱油和青芥末搅拌食用，也很好吃。

腊八豆
拯救"中国胃"

　　我在洛杉矶前后工作了七个月，很喜欢这个城市。虽然我对西餐还是挺适应的，但是，打心底里更喜欢的味道还是中国味，尤其是那些居家过日子的酱、醋、饭。

　　在美国工作的时候，我住的地方离比佛利不远，度过了开业筹备阶段那忙得昏天黑地的前几个月，好不容易有几天假期，便去逛我最喜欢的盖蒂博物馆，去加利福尼亚大学洛杉矶分校看看大学生们的生活。有时候早起，跑几个街区锻炼一下，然后进超市买东西。附近大超市里面有个奶酪区，有一百多种奶酪，奶酪是我最喜欢的食物之一。

　　从超市回到公寓，同事们一般刚刚起床，我已经在给自己准备早午餐了。有一次，同事从楼梯探下头来问我做什么早饭，我随口回答"饺子"，他们顿时双眼放光，纷纷说帮他们煮几个，我马上答应了，不过还是只煮了自己的分量。等他们下楼来，看到餐桌上只有一盘个头很小的饺子，都有些狐疑。拿起筷子一尝，恨不得立刻吐掉，问我："这什么馅啊？真难吃！"我回答："奶酪馅啊，意大利饺子。"他们立刻以迅雷不及掩耳之势溜走了。等屋子里清静了，我才从橱柜里拿出一瓶从中国超市买的腊八豆，拌在饺子里，呀！好吃多了。

　　其实我对西餐还挺适应的，但是，更喜欢的味道肯定还是中国味，尤其是那些居家过日子的酱、醋、饭。在洛杉矶最常吃的，就是从叶玉卿开的夏威夷超市里买的中国台湾状元腊八豆酱，后来发展到圣诞节烤火鸡也放腊八豆酱，从Chipotle买墨西哥卷饼回来也要自己加一勺腊八豆酱。

腊八豆之所以好吃，是因为大豆发酵分解产生了很多呈现鲜味的氨基酸，同时还有酸、苦、甘、咸、辛这五味调和，很是开胃。以前民间自己做腊八豆，多在每年立冬后开始腌制，至腊月初八后食用，所以叫作"腊八豆"。腊八豆很多地方都做，湖南人、湖北人多叫它腊八豆，四川人习惯叫它水豆豉，安徽人一般叫它豆酱。不管叫什么名字，反正我都爱吃。

葱蒜 腊八豆青菜汤

主料 | 腊八豆

辅料 | 青菜

调料 | 芝麻油、香蒜苗

做法

1. 腊八豆1小勺放在锅内略炒。

2. 青菜剁成半厘米长的小段，香蒜苗切碎。

3. 锅内加入水煮开，放入青菜段，小火煮几分钟。

4. 关火，撒香蒜苗碎，淋几滴芝麻油即可。

纳豆
寂静之后安于现实

纳豆是由大豆发酵而成，但是颜色是枯败的黄，除了有特殊的腐败气味之外，当你用筷子去搅动或夹取纳豆时还能拉出长长的细丝，这些丝不容易断掉，附着在碗壁上，不一会就会变成一楞楞凸起的硬丝。纳豆最初是由寺庙里的僧人制作的，而日本寺庙的厨房被称为"纳所"，这里制作的当然就顺理成章地成为"纳豆"。

我尝试吃纳豆，一大半原因是因为它神乎其神的保健作用。工作后，体重一再上升，我对高血压、高脂血症这类疾病的预防就一直都比较上心，而纳豆这名字常常会跳入眼中。如今纳豆基本上被宣传成了包治心脑血管疾病的神物。

老实说，第一次吃纳豆，我觉得还不如去吃药。因为药，就只是药味，而纳豆入口却是奇怪的味道组合，仿若味觉的地狱一般。后来在网络上交流了一下，才发现就连日本的年轻人都有很多接受不了纳豆的味道！他们和我一样，看到有的人将纳豆直接拌在白米饭上吃得津津有味，都佩服得五体投地。

但吃过几次之后，我开始逐渐接受并喜欢上了这种味道，这和我接受鱼腥草的过程一样。纳豆是如何做到让人爱憎分明的？因为它是一种发酵食物，发酵食物因为独特的发酵味道，令人对它的态度泾渭分明，如中国著名的臭豆腐。其实重要的还有一点，是吃这类食物的方法。臭豆腐涂在刚出笼的窝窝头上，虽然臭味更浓，但是吃起来的感觉却是更好。而纳豆最常见的吃法就是拌上酱油、葱花、芥末、芝麻油，和生鸡蛋搅成一团放在白米饭上吃。也可以把纳豆切碎，加入到凉汤中一起喝，还可以做成纳豆手卷，或者将纳豆和各种生蔬菜丝等拌在一起吃，甚至还有人用纳豆加上蜂蜜直接食用。

我吃纳豆的另一个原因，是因为小时候的偶像——聪明的一休哥很爱吃纳豆。一休宗纯是后小松天皇的儿子，而其母亲据说乃是政敌派出的间谍，故而一休宗纯小时候即被安排出家，不得留有子嗣。除了世人熟知的"一休"法号，他还给自己起了个名字，叫"狂云子"。他确实做了很多出格的，与世道格格不入的事情，但其实是在反抗社会流弊，彰显禅宗单纯、赤诚的心法。

一休宗纯不仅爱吃纳豆，他还自己制作纳豆食品，其用意是为了化腐朽为神奇，提醒僧人在寂静之中安于现实，减少对物质的追求，求得心灵的富足。无独有偶，这种思想被日本后世一位茶道宗师承继，在他的茶会料理中，不再追求奢靡，而是引入了纳豆，展现了浓郁之后的侘寂，这位宗师就是草庵茶的千利休。

令人遗憾的是，一休宗纯的纳豆做法和现在的纳豆做法并不相同，一休宗纯的纳豆是类似中国黑豆豉那样的食物。现在的日本纳豆其实正规的叫法是"拉丝纳豆"，由大规模的工厂发酵接种而成。

纳豆始终只是一个寓意，人们若把自己的平安健康单纯寄托在小小的纳豆身上，却不能够持之以恒关照自己的内心，从而改变生活的态度和方式，这恐怕是一休禅师所没有想到的，而人们这种向外界求取健康的希冀，恐怕也将成为小小纳豆所不能承受之重。

全素 纳豆海苔丝

纳豆 ♀ 日本

海苔 ♀ 日本

青芥末 ♀ 日本

主料 | 拉丝纳豆

辅料 | 干海苔丝

调料 | 青芥末、日本酱油

做法

1. 碗内放2勺拉丝纳豆，中间留1小窝。

2. 由干海苔片切成的细丝撒在拉丝纳豆上。

3. 小窝内放一点青芥末。

4. 在拉丝纳豆上均匀淋上数滴日本酱油即可。

5. 吃的时候，将拉丝纳豆在碗内和各种调料搅拌均匀，盖在白米饭上食用。

食客

此菜取材于纳豆，常在日餐和食料理出现，有近千年的食用历史，甚至超过我们熟知的"江户前寿司"很多，且有"顿顿食纳豆能活九十九"的民间谚语，可见发酵食品确实对身体健康多多益善！再佐以海苔、青芥更是风味俱佳！

—— 食尚小米

《中国味道》策划及嘉宾、《回家吃饭》美食顾问、美食自媒体人

豆瓣酱

守得住寂寞

中国古人的开门七件事：柴米油盐酱醋茶，"酱"是生活的不可或缺。各种酱，基本都以豆类发酵而成，郫县豆瓣酱也不例外。它特殊的口感，从客观的角度来说来源于三个方面：地利、特产、工艺。

我在北京工作将近15年，对首都的熟悉程度甚至超过了生活过20年的太原。然而户口很难进北京，拖到小孩子上学，实在不能再拖了，太原回不去了，北京又进不来。索性，按照自己的心意重新选择一个城市吧。喜欢成都，于是就一步一步折腾：看小学、买房子、装修、报名、拿通知书……最先看上的地段位于宽窄巷子附近，挨着重点小学和初中，我虽然通过人才引进政策落户成都，然而尚不敢和老成都人拼抢资源，便调头向郊区了。成都地铁二号线的最后一站地叫"犀浦"，距离市中心公共交通大约四十分钟。当地人一听，那不好，太远了啊，对于我这个住惯了北京的人来说，北京出个门动辄都是一小时的，于是就定在了犀浦。

犀浦是属于郫县的，郫县是中国最著名的豆瓣之乡。巧合的是，因为城市化进程，郫县很知名的豆瓣品牌"鹃城豆瓣"也经历了一场整体的搬迁。我专门找了那部搬迁的纪录片来看，看到那一排排的酱缸因为正在发酵的关键期而不能搬走，看到那留守的几个老师傅还在争分夺秒地每天搅拌酱缸以赶得上最后的期限将酱制熟，不由心有戚戚然——人和豆瓣都是一样的啊，脱离故地，奔向迫不得已的前程。

郫县地处成都平原中部，因得都江堰灌溉之利，水汽丰沛，空气湿度有利于菌种发酵繁衍。同时盛产胡豆（蚕豆），而且品质特别优良，以它作为主要原料加工制成的豆瓣酱，油润红亮，蚕豆特殊的发酵香气极为浓郁，味道层次特别丰富。而在工艺上，郫县豆瓣酱用料讲究配比，制作方法大体是：将胡豆去壳，煮熟降温，拌进面粉，搅匀摊放发酵，其间温度要维持在40℃左右。经过六七天长出黄灰色霉，称之为初发酵。再将长霉的豆瓣放进陶缸内，同时放进食盐、清水，混合均匀后进行翻晒。制酱工艺严格遵循"晴天晒，雨天盖，白天翻，夜晚露"，因为表面容易干燥，必须时常整缸翻搅。经过40~50天，豆瓣变为红褐，加进碾碎的辣椒末混合均匀，再经过3~5个月的贮存发酵，豆瓣酱就完全成熟，而这期间每天都要搅拌20次左右。豆瓣酱也讲究陈酿，三年以上的豆瓣酱简直是菜品味道增鲜的宝物，而郫县豆瓣酱也被称为"川菜之魂"。

● 陈酿豆瓣酱

其实，在这些条件之中，蕴藏了一个非常重要的主观因素——人。郫县豆瓣酱乃至中国的很多传统食物，都不是靠食材的名贵占得先机，而是靠耐得住寂寞、不断重复而能一丝不苟的那些师傅们一天一天的缓慢累积，才创造出这些凝结心力、终成神品的奇迹。

葱蒜 三年陈酿豆瓣酱炒黑豆皮

主料 | 黑豆皮

辅料 | 青蒜苗

调料 | 菜籽油、豆瓣酱、大葱、八角

做法

1. 黑豆皮切小块、青蒜苗切马耳朵块，大葱洗净切段。

2. 菜籽油热锅冷油烧至微起青烟，下入八角炸出香味，之后下入大葱段、青蒜苗块爆香出锅。

3. 另起锅，菜籽油烧热将豆瓣酱炒香。

4. 混合，加入黑豆皮继续爆炒，即可出锅。

喜马拉雅岩盐
一把净化尘器的力量

　　2006 年的时候，我去了一趟西藏。当时约了四个陌生人，从成都出发，到了拉萨，虽然彼此已成好友，然而不得不分开。其中两人要去珠峰，我选择了去桑耶青浦。分别时，我豪言壮语地宣称："你们先去，总有一天我会用其他方式与喜马拉雅相见……"

　　十年前，我处于人生的另一场无奈之中。在工作上，因为观点和公司不同步且我执着于表达自己，很是不愉快；生活上，待在北京，无房无车无法长期融入，后退亦无方向——离开故土多年，回去从头开始无异于他乡。长期的进退维谷，我的身体提出了最为严重的抗议——我出现了严重的便血，常常从厕所出来，嘴唇因失血而苍白。厌倦了每天朝九晚九、一年休息不超过十天的工作，我选择了逃离。

　　逃离到哪里呢？2004 年初我皈依藏传佛教之后，就一直特别想去西藏看看。看了网上的帖子，约了四个陌生人，从成都一起租了一辆切诺基，就一路走走停停进藏了。到了拉萨，虽然彼此已成好友，然而各有各的目标，不得不分开。其中两人要去珠峰，我当时也很想去，可在有限的预算之下，优先选择去桑耶青浦，只好豪言壮语地宣称："你们先去，总有一天我会用其他方式与喜马拉雅相见。"

　　孤独地一个人上路，年轻是不知道怕，也没有顾虑的。在即将抵达桑耶青浦的路上，我从北京带的消炎药快要吃完了，便血的情况虽然没那么吓人，可病情一直也未见好转。疲倦、迷茫的我充满沮丧，看到路边一个破旧的白色帐篷，鬼使神差地掀开门帘向内眺望。"欸，那是修行者的帐篷，不能随便进。"后面同时发出几个声音。几个西藏大学的学生出来旅游，我们就这样认识了。帐篷里没有人，我长出一口气，庆幸自己的冒失没有打扰到主人。我和大学生们一起坐到附近的水转经轮下啃面包，顺便聊了起来。面包还没吃完，有位喇嘛回来了，原来帐篷是他的。他不会说汉语，几位学生朋友和他攀谈，他邀请我们进帐篷坐坐。其实，帐篷里每次只能进一个人，因为太小啦。我进去的时候表情很是为难，因为完全听不懂藏语，只能靠他的动作去理解。他让我喝下一个小木碗里黏稠的红色液体，这并不像我想象的那么难喝，有种不知名的药味。我磕头拜谢正要离去，他指着我的菩提念珠，示意我给他。我褪下已经有些脏和晦暗，甚至有些磨损的念珠，不知所以地交给他。他拿起几大块类似石头的东西，半透明状，有白色的、红砖色的，在念珠上循环往复，嘴里则念诵经文。

等我出来描述给新朋友，他们解释说，那个木碗里的应该是甘露法药，是治病的；念珠可能需要净化，那些"石头"其实是圣山的盐，应该产自喜马拉雅山。原来如此！我竟然以这种方式和喜马拉雅相见！

那次西藏之行，我朝拜了神圣的布达拉宫、桑耶青浦、雍布拉康、扎什伦布、冈仁波齐、纳木错、巴松错，认识了很多难忘的朋友，也知道了喜马拉雅的盐是可以用来做净化的。

当我们在寻求纯净的阳光、空气和水之时，也在寻求纯净的身心，而纯净的盐也终将成为我们寻求的一员。所以，当我在美国的超市里看到喜马拉雅那独特的玫瑰色岩盐，灵感便蜂拥而至。要知道在巴基斯坦当地的采盐工场，仍然是沿用传统开采方法，禁止一切爆破手段。从采盐、晒盐、拣选到清洁也是零机械、全手工，连包装用的布袋也是100%棉制。当地人相信唯有用这种古老的做法，才可保存岩盐中最多的天然能量，也就是喜马拉雅强烈的阳光、上古的大海、绵延的高山的自然能量，他们相信这些能量能够净化身体的负能量。吃素，没有高下的分别心，而利用最常使用的盐去净化自己，也许是我们在尘嚣之中能做出的最好选择了吧。

全素 喜马拉雅岩盐煎口蘑

主料 | 鲜口蘑、鲜芦笋
辅料 | 橄榄油
调料 | 喜马拉雅岩盐

做法

1. 将鲜口蘑洗干净，去掉伞柄部分。

2. 锅中倒水，在水中滴几滴橄榄油，撒薄盐，烧开焯烫鲜芦笋，捞出待用。

3. 平底锅中倒入橄榄油，待油烧至七成热时将口蘑逐一放入，先煎口蘑底部，等到口蘑表面微皱时，翻过来再煎1分钟左右；口蘑中的水分会自动渗出，集中在口蘑伞心里，千万不要倒掉或翻转口蘑，那可是极鲜的天然萃取蘑菇汤。

4. 在锅内撒刨好的喜马拉雅岩盐，即可出锅。

5. 盘子里用芦笋平铺打底，将煎好的口蘑放在上面。就可以开动啦。

寿司

为了保存食物而产生的美味

有一次我们和北京四季酒店意大利餐厅的米其林星级大厨 Aniello Turco 做厨艺交流活动，聊天的时候发现他特别喜欢使用"发酵"技法。Aniello 认为发酵这种工艺，非常有意思，米发酵后，把它和发酵之后的肉放在一起，当作一种调味料，比酱油咸，口味尝起来有点像火腿。他认为这是一个新的工艺，我告诉 Aniello，其实你这个办法是中国汉朝就用过的。

中国古代为了保存食物，使用米作为发酵的媒介物，其产生的乳酸菌使新鲜的食物不被有害的细菌侵蚀，从而达到保存食物的目的。这个办法虽然后世用得不多了，但是却保留了两个古汉字：鮨和鮓。鮨指腌鱼，泛指用稻米和少量食盐腌制成的略带酸臭味的盐鱼。鮓有两种意思，一种也指用盐和红曲腌的鱼，另一种指用米粉、面粉等加盐和其他作料拌制的切碎的菜，也可以长期贮存。这两个有两千年历史的古汉字，现在只在云南少数民族口语中还有使用，但是在日本却很常见——日本寿司的汉字书写就是鮨和鮓。

寿司按做法可以分为三类：卷寿司、握寿司和箱寿司。它们的区别是从做法来的。制作寿司，其实并不很难，只是把米饭和各种配料加以组合，可是，很多事情，越简单越是一种考验。做寿司，有几个关键之处：一是米饭不能太软，不能发黏，可是又不能无法粘连。所以选的米一定是长而细的籼米，很多名声甚佳的大米反而不适合做寿司，这和质量无关，只是不对路罢了。二是米饭里要淋寿

司醋，要趁米饭热的时候，这样醋和饭才能融合。第三，做寿司用鱼生、黄瓜条。黄瓜条一定要用盐搓，去除部分水分，这样能让寿司不散团。所有原料都准备好，用小竹帘子，铺上紫菜皮或者蛋饼等，然后铺开米饭，中间随意放置黄瓜条、渍萝卜、芦笋之类的配料，卷起来，切成小段，就是卷寿司；慢慢把米饭握成你想要的三角形、四角形，盖上鱼生的，就是握寿司。箱寿司中规中矩一些，要使用模具，把各式配料放在小木盒子里加盖压好，然后把木盒寿司抽出切成小块即成。

葱蒜 素寿司

主料 | 寿司米
辅料 | 蜂蜜、大蒜、老豆腐、紫菜皮整张、黄瓜、牛油果、胡萝卜
调料 | 酱油、米醋

做法

1. 大蒜切末；老豆腐、黄瓜、牛油果、胡萝卜都切成小条。

2. 寿司米加水浸泡30分钟后在电饭煲内煮熟。

3. 将酱油、蜂蜜和大蒜末混合均匀，加入豆腐条轻拌，腌至少30分钟。

4. 煮好的米饭趁热加米醋，拌匀。

5. 把一张紫菜皮放在竹制的寿司帘子上，将手稍稍湿润一下，取米饭均匀铺一薄层在紫菜皮上。放豆腐条，再紧挨着豆腐条放2根黄瓜条在米饭上。再排放牛油果条和胡萝卜条在米饭层上。

6. 将紫菜皮顶端边缘略湿一下。先将寿司卷底部卷紧；然后卷动寿司卷从底部往顶部边缘，在卷的同时，抓紧竹席，在竹帘子的帮助下，将整条寿司卷卷紧。

7. 将做好的寿司卷用锯齿刀切成2.5厘米厚的块，即可摆盘。配合青芥末和万字酱油食用。

藜麦
古印加的能量

　　我小时候爱看《丁丁历险记》，和知名度较高的《蓝莲花》不同，我印象最深的反而是《太阳神的囚徒》，对印加文明、太阳神记忆尤其深刻。至今我对印加文明还是很有兴趣，加上做了餐饮业这一行，也比较关注印第安的食物。

　　印第安的食物里，永远绕不开藜麦。当地的土著对藜麦充满了敬畏，他们认为自己不生病，是因为吃祖先传下来的藜麦。早在古印加文明兴盛时期，藜麦已经成为古印加民族的主要食物之一，据说在4000米以上空气稀薄的山区，食用藜麦的信使能连续24小时接力传递240千米，这不能不说是一个奇迹。古印加军队的战斗粮食是藜麦和油脂裹成的藜麦丸，战士们靠它铸就了强盛的古印加黄金帝国。

　　从古至今藜麦还被用于治病，治疗疼痛、炎症以及骨折等内伤，如今当地的一些田径运动员还在使用一种与藜麦有关的古老方法来提高它们的运动成绩。藜麦不仅为古印加人民提供营养，而且被他们称为"粮食之母"，是祭奠太阳神及举行各种大型活动必备的贡品，每年的种植季节都是由在位的帝王用特制的黄金铲子播下第一粒种子。

　　西班牙殖民者入侵南美洲后，实行了禁止种植藜麦的制度，对于违反者最重可实行死刑。一种植物带有了文化统治的意味，可想而知这绝不仅仅是一种用来果腹的食物。但是尽管如此，藜麦还是在边远山区延续种植至今。

到了今天，美国国家航空航天局（NASA）认为藜麦的营养与人体的需求结构最为接近，也特别适合长期在太空中飞行的宇航员，所以NASA将藜麦列为人类未来移民外太空理想的"太空粮食"。联合国粮食及农业组织（FAO）也推荐藜麦为最适宜人类的完美"全营养食品"，列为全球10大健康营养食品之一。

我不太希望神化任何一种食物。藜麦属于藜科植物，一般人很难想到菠菜和甜菜居然也是藜科的。我们日常食用的谷物粮食例如小麦、稻米、玉米、高粱等基本都属于禾本科。藜麦比禾本科的植物营养更为丰富，但藜麦的产量极低，根本无法支撑人类的大量食用需求。所以，能吃到藜麦的时候，就请认真地品味吧。

葱蒜 蛋奶 藜麦烩饭

主料 | 藜麦

辅料 | 洋葱、白萝卜、胡萝卜、甜豆、番茄、芹菜、马斯卡伯尼奶酪、帕玛森奶酪碎

调料 | 盐、黄油、姜、白胡椒

做法

1. 把洋葱、白萝卜、胡萝卜、芹菜和番茄洗净切成丁，将甜豆迅速焯烫一下，姜去皮切碎。

2. 在热锅中融化些黄油，放入切成丁的洋葱、白萝卜、胡萝卜、芹菜、番茄和姜末，大火炒煮出水分，大约3分钟。加入盐和白胡椒调味。

3. 放入藜麦和甜豆，烩煮约3分钟。

4. 加入水，中火加盖慢煮15分钟左右。

5. 当藜麦煮熟后加入马斯卡伯尼奶酪。尝试一下味道，可以增加一些盐和白胡椒。

6. 将烩好的藜麦盛于盘中，在上面撒上些帕玛森奶酪碎，趁热享用。

肆

禅心与茶

罗汉大烩菜

寻缘

　　山西的五台山和四川的峨眉山、安徽的九华山、浙江的普陀山并称"中国佛教四大名山"。其实在国际上，五台山也很有名，它与尼泊尔蓝毗尼花园、印度鹿野苑、印度菩提伽耶、印度拘尸那迦并称为世界五大佛教圣地。而我和佛教的缘分，也是从这里开始的。

　　太原每年夏天照例有十几天体感温度是要超过40℃的，觉得热得太辛苦的时候，我们全家就去五台山。当年从太原坐车到五台山，不过四五个小时，景区的消费也还没像后来这般乱，是避暑的不错选择。

　　我们去五台山很多次，然而那时并没有宗教的概念，只是单纯避暑。五台山还有个称呼叫作"清凉胜境"，七八月份太原34~35℃的时候，这里气温在24~25℃。更有甚者，我记得有一年去爬北台叶斗峰，山顶上还在下雪，穿着军大衣还是冻得浑身发抖。

　　初中一年级的暑假，我们去五台山的时候，住在塔院寺的附近，就是五台山的标志——大白塔的那座寺庙。有一天，侧殿不开放，游人从门外鱼贯而行，殿里干什么还是看得见。应该是进行比较重要的法事活动，中间升起了法座，有位老法师坐在上面。我看了一眼，游人比较多，就往前走了。没走多远，小沙弥追上来叫我，也没听懂说啥，反正跟着就进殿了。印象里仿佛也没跪，估计是脑子还有点蒙，只记得老法师招手让我走近一点，然后把金刚铃整个扣我脑袋顶上，开始念经文，旁边的僧人们也跟着念。不知道过了多久，弯着腰的我有点困，头部也有点刺痛，不由自主抬了抬头，老法师便把金刚铃拿开了。之后小沙弥带我出殿，然后他一转身就回去了。而发蒙的我，继续逛庙。现在回想起来，那是给我一个人的法器灌顶啊！感恩这位后来我才知道的寂度老法师。

记得最清楚的反而是庙里的素斋，我对佛教的威仪是从那个时候有了感受的。那天本来是逛累了，正好闻见饭菜香味，就跟着去吃素了。每人发两个大粗碗，一个打饭，一个盛菜。僧人们是排在前面的，一百多个僧人，饭堂里却是鸦雀无声。他们打饭也不说话，拿着筷子往碗里一划，负责打饭的师傅就给你盛到那个位置。我看了一下，不论着什么僧服的，反正都是一个菜，就是山西的大烩菜，而且没有肉。我吃了一口，比想象中的要香，什么蔬菜就是什么蔬菜的味道，而且土豆烧得很烂很有滋味，我吃得开心很想再去盛一碗。正扭头，看见一位僧人可能低声说了句话，旁边的人还没反应，说话的僧人背上已经被打了一棍子。我听说庙里是有铁棍僧人的，就是僧人犯了错要被打的执法者。我也不知道那是不是铁的棍子，反正挺粗，颜色也深，当时吓得就不饿了。

再后来，我自己做过很多次大烩菜，加肉的不加肉的，总是觉得没有那次吃的香。但我和佛教的缘分，就这样开始了。

葱蒜 罗汉大烩菜

主料 | 土豆、番茄、大白菜、豆腐
辅料 | 台蘑、粉条
调料 | 花生油、花椒、姜片、八角、酱油、葱花

做法

1. 洗好所有的菜备用。

2. 豆腐切长条块，土豆切滚刀块，番茄切小块，大白菜切条，菜叶略大一点，置盘备用。

3. 铁锅内放油，烧至微起青烟下入八角、姜片、花椒，炒到略焦。

4. 将土豆块放入锅中，翻炒一会儿，加酱油、水，要淹没土豆块，旺火煮。

5. 水开后将豆腐块、台蘑入锅，慢火炖一会儿。

6. 土豆表面糊化的时候，将白菜条和番茄块放入锅中。

7. 白菜出水后，在锅中食材中间用炒勺弄出一个窝，放入粉条。

8. 粉条煮熟后撒上葱花即可出锅。

注意：酱油可以多放，大烩菜着色棕红，来源于酱油。

·食客·

素菜和茶天生相配，都是味觉的艺术，都是不断地找寻。遇到楝空间的蔬食和李韬老师的茶，都是幸福的。

——黄子益
益和轩茶修学堂董事长

辣炒豆腐干

坦诚相见

　　我在佛学上的另外一位师父是通贤法师。他少年出家，中国佛学院研究生毕业。我们蔬食空间的员工对法师最直观的印象是——法师好喜欢吃辣啊！师父是江苏人，家乡靠海，按道理吃饭口味清淡才对啊。结果有一次，我们给师父上了一道小蜜豆炒冬笋，师父说，太淡了，简直没什么味。下一次换了油焖笋，就好多了。水煮宫廷蚕豆，又是辣椒又是花椒还是滚油浸烫，师父却很爱吃。

　　通贤法师有三点好。第一是他从来没有生气着急过。师父少年出家，又是家中独子，父母是不能不管的，出家后世俗之事反而更为麻烦。他又是佛学院本科班的班主任，还要兼任佛教协会刊物的文稿整理工作，事务不可谓不多，但是我确实从来没有见过他着急，更没有见过他发脾气。第二点是他确实对我好。我身体但凡有毛病，师父总要问一问，送些对症的药；我过生日，自己虽不怎么在乎，师父一定会送字画等精心挑选的礼物；大的法事，比如浴佛节、参拜佛牙舍利，师父一定要问我的时间，带我去培植福田；我去庙里看他，他会招呼午饭、茶水，我基本插不上手，同修都说师父把我惯坏了。第三点，师父的心性很是单纯，你觉得他人情练达，实际上很多事情上，他想得很简单，于一些人情世故并不多想，我有的时候会犯戒调侃他（在家人不得妄议出家人），他一般都无奈地摇摇头，也不多解释。

有一次，我们师徒俩去马连道茶叶城办事，结果师父碰见不少熟人，其中还有不少是他的弟子，介绍了一下，我直接郁闷了。我问师父："我是你所有弟子里最穷的吗？"师父回答说："嗯，可能是。"他马上停了一分钟认真想了想，很肯定地告诉我："还真是……"

我觉得我必须吃点饭压压惊，找了一家江西饭馆吃饭。本来说点井冈山豆皮，师父说还不够辣，直接点辣椒炒豆干吧。我一吃，还真是很有味的，没有用葱炝锅，也没放鲜蒜，就是简简单单的青辣椒和豆腐干，炒得火候到位，没想到味道还真好，我郁闷的心好过多了。

我信奉佛教，但依照我的本性，可能很难有所成就。能遇到师父，也是我的福报，他吃饭口味虽然重，却是简单中见真味，而对人也总是坦诚相待，我每次看见他都起欢喜心。

全素 辣炒豆腐干

主料 | 豆腐干（质感绵密一些的更好）

辅料 | 青辣椒

调料 | 植物油、盐

做法

1. 豆腐干切条；青辣椒切细长丝。

2. 热锅凉油，微起青烟，爆炒青辣椒丝。

3. 下入豆腐干条翻炒，略撒一点盐即可出锅。

4. 不是净素的，可以用葱花炝锅；另外出锅时撒入鲜蒜末，味道层次更为丰富。

白茶
心中慰藉，愈久弥香

在福建福鼎，人们采摘了细嫩、叶背多白茸毛的芽叶，不炒不揉，就是用阳光晒干，如果天气不好，就耐心地用文火烘干，把茶叶的白茸毛完整地保留下来，也成就了最为纯真的银白和带着青涩的草香，这就是白茶。

白茶中最漂亮的，还是白毫银针和白牡丹。顶级的白毫银针，满覆银毫，又比较粗壮挺拔，好像充满力量的肌肉；而白牡丹会在白毫下隐隐有绿色露出，仿若白纱下面浮动着绿色的裙裾。最常见的当然是贡眉和寿眉。贡眉要比寿眉等级略高一些，不过基本区别不大。贡眉和寿眉都是采摘菜茶（福建茶区对一般灌木茶树之别称）品种的短小芽片和大白茶片叶制成的白茶，以前叫作"三角片"，仿若枯叶蝶，叶片比较薄，有着秋天落叶的斑斓的颜色。

白茶存放时间越长，药用价值越高，有"一年茶、三年药、七年宝"之说，一般五六年的白茶就可算老白茶，十几二十年的老白茶已经非常难得。白茶因为火气较小，一直作为下火凉血之用。新白茶的草叶气仿若杏花初开，而随着年份增长，香气成分逐渐挥发，汤色逐渐变红，滋味变得醇和，茶性也逐渐由凉转温，泡好的老白茶会有枣香或者药香发散出来，闻着就让人舒缓和放松。

茶是中国人最早的"药"，古代那些羁旅的人或者奔波于旅途的人，在歇息的片刻，会从藤箱或者背包里拿出随身的一小包茶叶，用山泉水煮了或者冲泡，茶香就充斥了那一小片空间，饮用的人发出一声轻叹，一种来自内心的舒爽。在这舒爽之中，那些初期的病痛也慢慢抽离出去，与怀念故乡的水汽一起升上高空，变成缭绕在山间的云雾。而饮茶人的目光伴随着这些云雾，穿透层叠的山峦、溪谷，看到春天柔韧扭转的紫藤、夏天陪伴翠鸟的红莲、秋天隐逸在竹篱旁的金菊、冬天衬着白雪的蜡梅，因而有了中国画穿越时空的美，糅合了远山近水、四时花卉，丝毫不突兀，因为那是藏在内心的种种美好。

这种美好里谁能说没有散发着缕缕茶香呢？茶这种"药"，不仅医治身体，更加治愈心灵，一个是治疗，一个是参悟。不论东方的大道，还是西来的佛法，中国文化的种种，都笼罩在这茶香之中，让人顿悟或者长思。

茶在中国古代，曾被认为难以离开旧土，因此还有一个名字叫作"不迁"。可是它却温暖了旅人的手，明亮了他们的眼，并且跟着他们，从云南走到四川，又沿着长江去了湖南湖北，更慢慢出现在了福建、江苏、广东、浙江……茶的宝贵，在于它穿过漫长的历史甬道，给了我们真实而长久的慰藉，并且愈久弥香。

贡眉

寿眉

白牡丹

白毫银针

六堡茶

找了二十年的槟榔香

细想这么多年，我一直没有系统地学过茶，然而对茶，我也没什么可抱怨的。有无数个瞬间，我与茶相会，体味着它们蕴含的光阴的伏藏。不论一年、十年抑或三十年、一百年，我和茶的缘分能够跨越空间和时间，在宙极大荒、红尘万事中演绎充满感激的幻梦。

我喝六堡茶少，不是因为不喜欢，而是一直心存疑惑：书上介绍六堡茶的"槟榔香"，我怎么一直没喝到过？虽然我也不怎么吃槟榔，但对槟榔那种味道和感觉还是有印象的，为何在六堡茶里却从未喝到？是哪里出了问题呢？后来小兄弟罗世宁送了一些老六堡给我，陈化了十几年的，感觉口感醇和，但是仿佛更像熟普洱陈化后的味道，也没尝出槟榔香。后来工作一忙，也就没顾上再品，却对此一直耿耿于怀。

按这两年流行的说法，"念念不忘，必有回响"。一两个月后，茶人柴奇彤老师送了我一些十年六堡老茶婆和三十年六堡茶的茶样，并向我大体讲述了六堡茶的传统制作工艺，我于是感到这次可能摸对门了。不久后，抽了个时间，没敢先泡三十年的，先泡老茶婆。也没敢多放，结果茶汤一出来，我就知道淡了，没太感受出六堡茶浓醇的味道。又过了一段时间，带着破釜沉舟、背水一战的悲壮，决定还是把三十年的老六堡泡了，置茶量也大，虽然不舍得，但"不成功便成仁"，就这么定了。

忐忑地冲泡，茶汤一出来，是红浓明亮的感觉，飘着雾气，当时我眼睛就湿润了。战战兢兢又满怀期待地喝一口，嗯，初入口的参香还是像普洱茶，可是马上就弥散开来，这会儿的味道有木香、陈香，甚至还有一点点烟味、土腥气，我放下茶盏，静默一下。就在这时，喉头涌起一阵一阵的凉意，并且下沉往复，不断回旋，久久不散。槟榔香、槟榔香！我找了二十年的槟榔香，原来不是香，是这喉头里凛冽、清凉的感受！我觉得心里一下子通透了，仿佛武林高手多年的练功瓶颈被一朝打破般的喜悦，差点"手之、舞之、足之、蹈之"，马上发了一条微信给柴老师，告诉她："这茶，好得不得了。"在这个时候，什么形容词都是苍白的，我只能这么直白地表达自己的喜悦。

回顾一下六堡茶，它的确是不寻常的茶类。六堡茶，顾名思义，产自广西梧州市苍梧县六堡镇，又以塘坪、不倚、四柳等村落产的茶最好、最为正宗。当然，这些年六堡茶名气渐渐为外人知，六堡茶生产不得已寻找外界原料，凌云县、金田县、玉平县等都生产六堡茶或供应原料茶。其实这个"为外人知"也不准确，六堡茶在东南亚一直是声名赫赫的。

不过，我想也许在农家，六堡茶是一直延续的，因为它是六堡镇家家户户的必需品。传统的六堡茶制作，就是茶农采摘山间的茶树，都是相对比较粗老的鲜叶，茶梗也很硬，需要在锅里用热水烫一下再捞出，称之为"捞青"。之后就是摊凉，温度降下来后才可以开始揉捻，然后放到锅里炒，主要是带走一部分水分，不会特别干燥。趁软直接塞进大葫芦里或竹篓子里，压紧匝实，直接就挂在厨房阁楼里，下面就是灶台，烧柴火烟熏火燎，做饭水汽蒸腾，水湿——烟熏——干燥循环往复，最终慢慢干燥，同时后期陈化发酵，成就了六堡茶的一段传奇。这种做法，直接决定了六堡茶不是喝新茶的，而是喝旧有的已经干燥了的。

当六堡茶的需求量大增之后，不仅原料茶不再够用，连制作工艺也无法维持传统，必须使用大批量茶青在发酵池里"沤堆"。这是一种类似于普洱茶熟茶"渥堆"的工艺，这种工艺在六堡茶的应用上不超过二十年。但这种夺时间造化的做法，有几个问题：一是它的原料茶其实已经是绿茶了，而是用一个品类的成品茶来制作另一个品类的茶；第二就是它缺乏制作工艺中的循环往复，是一路发酵下去。这样的茶，新茶也是可以喝的，入口绵软，红浓醇和，但是细细品尝，它缺乏传统原料茶按传统工艺制作的那种特有的细腻。这种细腻，不是枯寂了无生气，而是绚烂到极致的那种淡然；不是不经世事的无知无感，而是世事洞明的不动如山。老六堡茶的气质虽然内敛，却依旧充满了蓬勃的生命萌动。

散六堡

白芽奇兰

一场相遇

　　不到十岁的时候，曾经喝过长条小纸盒装的安溪铁观音，印象里应该是棕褐色，好像也不是球形，是蜷曲的条索状，具体味道不记得了，然而就是觉得好喝得不得了，觉得这名字贴切，观音甘露啊，也就是如此吧？

　　长到二十多岁，北方不再是茉莉花茶和绿茶的天下，甚至出差到中原的郑州，看到茶城里铁观音绝对是占了半壁江山。然而，这样的铁观音，我不喜欢。那是青翠的球状茶叶，闻起来还是青草的气息，既不明媚也不稳重，喝到嘴里是轻浮的香气。也许不怪铁观音，因为市场上充斥的是中国台湾轻发酵乌龙，而据说客人是喜欢这青翠的色泽、高扬的香气的。

　　我曾经和茶圈子里著名的茶人王平年兄探讨过铁观音的问题。他认为问题的重点在于茶园的冒进，生态的紊乱，我们已经不能提供好的地力反映出铁观音最原始的能量。我的偏执在于愤怒铁观音抛弃了传统的工艺，轻发酵、不焙火或者轻焙火，造成了茶汤质感的全面退化。我也清楚自己有些片面，把原因过分纠结在这一点上。其实任何一个茶品，都是品种（香）和工艺（香）的结合，甚至原料因素占比要大一些。但是从大的茶区来看，铁观音的这一做法不仅影响了它自己，连带永春佛手、黄金桂等也受到了影响。莫非世人忘了真正的幸福总在苦难历练之后，真正的观音韵、佛手香也是在焙火之后，才真正地显现啊。

受铁观音影响的还有白芽奇兰。我在洛杉矶出差，老华侨神秘地给我一泡茶叶，还告诉我是真正的好茶，说我肯定没喝过。我如获珍宝，专门休假一天品饮。开汤一尝，原料不错，工艺太差，可惜了这泡白芽奇兰。白芽奇兰以前一直是作为色种，拼配在铁观音之中，它有特殊而持久的兰花般的香气，让观音韵充满奇妙的层次感。它的定名时间也比较晚，有说是1981年的，但比较稳妥的时间是1990年之后，茶虽然也受轻发酵影响，但毕竟不多，而且老茶人不太看所谓的"市场"，还是坚持传统技术，所以我反而更喜欢传统工艺制作的白芽奇兰。

白芽奇兰的原产地是福建平和。当地本土茶树制茶，都呈兰香一脉，故曰"奇兰"，又分早奇兰、晚奇兰、竹叶奇兰、金边奇兰等小品种。而一种芽梢呈白绿色的奇兰，就被定名为"白芽奇兰"。平和是琯溪蜜柚的原产地，果树和茶树共生的美景，确实养眼养心。在平和县葛竹山麓的梅潭河发源的奇兰之香，流到了另一个名茶之乡——广东梅州的大埔，最终融入了那里同样生长的茶树里，成为我案头这罐白芽奇兰的一部分。

偶然的机会，得到一批白芽奇兰，已经陈放了至少五年。第一泡，我稍微放轻了冲泡手法，但是没有降低水温，不到10秒就已出汤。没有火味，却有仍然活泼的兰香，尝一口，茶汤尚淡，可是我知道这香气是有根的。可以高冲了，也不用增加浸泡时间，一般都在20秒左右出汤，汤质非常稳定，直到第六、第七泡时才出现了隐藏的火功之气，第九、第十泡转淡，尾水的颜色仍是明亮的黄，有甜润微酸的气息。

没有经历过繁华的质朴，不是单纯而是简单；没有绚烂的历程得来的平淡，那是寡淡。这陈年的白芽奇兰，正在绚烂和平淡之间，两者皆有，却是难得的茶缘啊。

铁观音

似从前，观音韵

　　寒露前后，是秋观音采制的高峰期，好友罗妮便去安溪访茶了。我大抵心里是想去的，然而又明白不太可能——我的主职工作没有大块自由安排的时间。后来看到了她发表在公众平台上的文章，和我预想的一样，对于铁观音，那是苦乐交织的。苦就苦在，铁观音近年来丧失了自己的特色，甚至抛弃了"半发酵"这个立身根本，一路向绿茶化而去；乐却乐在找到一批同道中人，正在为恢复传统铁观音而努力。

　　铁观音是半发酵的茶，半发酵的意思是酶促氧化反应比绿茶多而又未到红茶的程度，那是一种高超而奇妙的平衡。早先我还喝过纸盒装的低档铁观音，可是在山西也不易见到，那还是类似棕褐色的干茶，球形也不那么圆润，有点条索蜷曲成圆的感觉，浸泡的茶汤是黄褐色，香气浓郁而雅致。

　　后来的铁观音受中国台湾茶的影响，轻发酵又基本不焙火，追求所谓的兰花香和青汤青叶。我喝了，真心不喜欢。铁观音特殊的层次丰富的香气用语言难以描摹，那是被尊称为"观音韵"的。而后来的铁观音追求所谓的兰花香也不是兰花香。兰花香是变幻的香气层次，在某些时候散发出类似山间野兰的山岚之气。除了气味，尝了几次，都以拉肚子而告终。

　　从2013年以后，我已经明显感觉到身边的人都不怎么喝铁观音了。是铁观音过气了，还是其他原因？一了解，都是说，铁观音没韵味，拉肚子，胃寒。

再一了解产地状况，除了所谓的品牌公司，茶农普遍的状况是，有时候铁观音毛茶每千克八九十块都无人问津。

我觉得关于铁观音，必须明确一个思想，那就是：铁观音的自然韵味，来自于合乎传统的精细加工。我不是一个"唯传统"的人，然而改变传统必须有更好的理由和结果。诚然一棵茶树可以制成任何茶类，但是我们应该明白铁观音是最适合制乌龙茶的。乌龙茶的基本内涵就是"半发酵"。半发酵的特征对于铁观音来说就是干茶"蜻蜓头、蛤蟆背、田螺尾"，汤色"琥珀金"，叶底"绿叶红镶边、三红七绿"。香气复合、高妙，有底蕴，汤中含香，香不轻浮。我们不能在短期经济利益的迷雾中自乱阵脚，而是要把守一种"中庸"，把铁观音寻找回来。这"中庸"之意既是要恢复茶的传统制法，回归铁观音"柴米油盐酱醋茶"的生活性；也要思索茶产业与自然生态的联结，深化整个产业链（茶庄园、茶旅游、茶健康、茶护肤等），而不是在茶本身上折腾不休。

我不是制茶的人，然而，就我对铁观音的了解，我觉得这个传统工艺就是"摇青到位，充足发酵，及时杀青，适当烘焙"。铁观音的制作工艺，大体上应该包括：采摘、做青、发酵、杀青、包揉、焙火。采摘鲜叶，露水散尽即可，然而中午十二点到下午两点间最好，此时光合作用最为活跃，采摘的鲜叶称为"午青"。鲜叶要均匀、蓬松地放在茶篓或者茶袋中。接下来做青分为三步：晒青、凉青、摇青。晒青最好使用日光萎凋，之后摊晾、走水，再摇青以达到茶叶边缘破碎、茶汁披覆，强化酶促氧化反应，形成香味体系。摇青通常四次：一次摇青茶菁均匀，二次摇青水分合适，三次摇青为了香醇，四次摇青形成观音韵。但这个看青做青，具体状况不同，次数不同、手法不同。手法不同，香气不同。做青后，给一段时间让茶菁发酵，发酵应该充足。不是渥堆发酵，渥堆更多的是厌氧菌群参与发酵，而铁观音需要氧气充足的氧化反应。发酵到一定程度，铁观音内质醇厚了，及时杀青，通过炒锅高温炒制，终止酶的活性，终止氧化反应，香味基本定型。之后揉捻做铁观音的外形，用布袋包揉，揉后打散复揉五次以上。之后用电箱或者炭笼，初烘、复焙与包揉交替三次。及时杀青，让铁观音不向红茶而去，焙火是外因，促进内质形成了最终的综合韵味。这种铁锅杀青、炭火烘焙、茶菁参与、水分变化形成的金、木、水、火的神奇变化，最终形成"观音韵"。

现在，铁观音的"小五行"里，缺"土"。土就是它生长的土地。我们曾经把土地当成我们的附庸，用化肥、农药等去无节制索取。实际上，人和茶一样，都是土地的一部分而已，你对土地不好，茶就不好了，茶不好，人自然也不好了。我从好友罗妮拍摄的照片上看到，安溪茶园的土地很多直接裸露，山峡中只看见一层一层的茶树，其他的植被很少。即使是茶树，老的也不多。因为新茶树的草叶香会更大，3~4年的茶树即被淘汰，换成新树。如此循环往复：生态破坏、地力透支，茶的内质自然越来越差。

值得欣慰的是，罗妮去安溪还是访到了一些好茶。我尝了张碧辉老师的焙火铁观音。张碧辉老师提倡自然生产，坚持恢复地力和使用传统的铁观音工艺。带回来的铁观音，香气雅致，入口温润，茶汤稳重，可这韵味还是有差，干茶没有白霜，叶底红斑少见。揉了揉叶底，弹性已经比一般铁观音好，然而仍然削薄。这也是地力不够带来的影响吧。

土地的伤口岂能那么容易抚平？然而毕竟已经有人在努力尝试修复。从这个意义上来说，要向真正的爱茶人致敬。也许找到传统铁观音的滋味还需要十年、二十年，但是毕竟我们都已经在路上。总有一天，我们，会找回铁观音。

炭焙铁观音

传统铁观音

中国台湾省乌龙茶

绿叶镶红边

烟正山小种
桐木关的烟云，心间留美

红茶是世界上饮用最广泛的茶类之一，英国贵妇的下午茶也基本是红茶。我最初印象深刻的红茶是大吉岭初摘和次摘，初摘的大吉岭茶确实有幼嫩的滋味，然而整体感觉比较单薄，茶气不强，也不持久。次摘的大吉岭茶表现就很丰富，风情万种，富于变化。

在中国，红茶拥有很多女性粉丝，不少民众甚至认为红茶是女人茶。某一年茶友们做红茶品鉴专题，我尝到了不少好茶，对红茶的印象有了很大转变。

喜不喜欢一款茶，会有一些综合的原因，而过于讲究茶菁细嫩，实际上很容易陷入偏颇。我的想法是：一来过于细嫩的茶菁累积内容物是不够的；二来呢，因为制茶，不仅要有好的原料，还要有认真如法的工艺。还有一方面，如果茶芽采摘过甚，还是容易损伤茶树。而佛教徒会有朴素的自然平衡思想——自己的"福德"应该和享受相匹配。一斤茶叶动辄几万个芽头，鲜则鲜矣，德不配位，岂可安心？

我自己非常喜欢的是一级、二级的烟正山小种。"正山"开始大约是指高山，因为高山出好茶；也有标榜的作用，正山小种特指武夷山桐木关一带产的红茶。其他区域，例如政和、福安等地也有仿制，但是算不得正山，只能叫"小种"。烟正山小种在国外，最早曾被叫作"武夷茶"，是武夷山的代表，因为干茶乌黑油润，所以也叫"乌茶"，英文翻译为"black tea"，直译就是"黑"的意思。而在英文里，"red tea"指的是非洲的Rooibos，一种红色的灌木碎，是一种非茶之茶。我们说烟正山小种是世界红茶的鼻祖，你看，它被赐予了红茶英文名字——black tea。

关键还在于一个"烟"字。正山小种早期在国外还被叫过"熏茶",烟熏过的茶。以前武夷山桐木关一带植被丰富,马尾松也很多,但是传统上来说,松木不作为家具等的用材,只能烧火了。所以正山小种初制和精制都要用松烟熏,一定是带烟味的。到了现代,又出现了不带烟味的品种,所以为了区别,才有了"烟正山小种"这个称谓。

广为流传的传说里,烟正山小种的起源本是个意外,关于这个传说我总笑笑,确实,有烟无烟也许并不是个标准,只是个人喜好罢了。但是,这个意外即使是个错误,它也已经美丽了几百年了。而今,要想喝到合心意的烟正山小种实在是太难得了!好的小种茶,生长在海拔1200~1500米的茶园,云雾蒸腾,被松竹环抱。要用春天的开山茶,传统工艺发酵,再用马尾松和松香认真地熏制、干燥,让松烟"吃进"茶里,成为一体。所以好的烟正山小种,绝不是一味的柔,它是一款有山气的茶,柔中带刚,是高山上磅礴浪涌的山岚。放置三年以上的烟正山小种,烟气仍然强劲,不过会慢慢转化为干果香,成为一种悠远绵长的韵味。

曾经托人找了很久,终于找到一款不错的烟正山小种,有高山的气韵,也很耐泡,可是香味没有那么持久,不能做到层次丰富,并非在松烟的变幻中茶质慢慢溢出,而是烟气退失很快。忍不住问了,答道:茶是不错的,可是山上的松木已经不让用了,都是外面的松树运进来熏的。

也罢,那曾经的终将是曾经的,往事不可追,却是永留心间的美好。

下午茶
十六点钟开始的优雅

　　1662 年，凯瑟琳公主出嫁时，私人嫁妆中就有茶叶；1702 年，安妮女王在宫廷宴会上放弃价值不菲的葡萄酒，只喝自己杯中的红茶，这高傲的"以茶代酒"，让贵族们迅速折服于茶的魅力之中；1840 年，维多利亚时期，下午茶开始兴起，每到下午四点，贵妇们放弃一切而必须进行的下午茶时间，充满了优雅和浪漫。一切都是那么的自然而然……

　　2014 年，我在美国先后度过了六个半月的时光，有限的休息日里，自然不能放弃感受下午茶的机会。尤其是和新认识的朋友们相聚时，下午茶是个不错的、泛众的选择。

　　在英联邦辉煌的时代，茶叶成为贵族重要的生活内容，并随之向欧洲其他国家和美洲传播。时至今日，下午茶已经不是女性的专属，而是慢生活的重要方式。慢生活，为生命的自我修复、自我滋养提供了通路，下午茶更是为它提供了茶香和能量。

　　完备的英式下午茶，包括茶、小食和器皿三大部分。

　　首先当然还是茶。英国的茶文化更多的是红茶文化，往往来源于中国红茶，例如祁门红，但是印度大吉岭红茶和斯里兰卡的锡兰红茶也后来居上。英国人自己喝茶，很少清饮，除了加糖、加奶、加蜂蜜之外，也有很多调配茶，最知名的当然就是格雷伯爵红茶——以上好的祁门红加上佛手柑香精调配而成。红茶尤其是加了牛奶和糖的红茶，更适合女性，我往往选择其他的茶品。现在，英式下午茶的茶品种也丰富起来，武夷岩茶、熟普洱、中国绿茶、日本绿茶、薰衣草茶等调配茶都属于常见品相。除此以外，查理王子绿茶也是不错的选择，是以珠状绿茶加上杧果香精调配而成。而这种珠状的绿茶，因为类似猎枪的散弹，在英国被称为"火药绿茶"。

鉴于下午茶的实用主义，喝茶是基础，但不是最主要的。主要的是吃。传统英式下午茶分量很小，英国人称为finger food（手指餐），但是实际上，还是要借助一些餐具，比如黄油刀、叉子和勺子。英式下午茶最特别的是三层点心架和上面的小食。通常三层塔的第一层放置的是咸味的各式三明治，如火腿、芝士、金枪鱼泥等口味，第二层和第三层则摆着甜点。一般而言，第二层多放有草莓塔、柠檬芝士蛋糕和司康（scone），这是英式下午茶必备的，其他如泡芙、饼干或巧克力，则由主人随心搭配。第三层的甜点没有固定放什么，也是主人选放适合的点心，一般为蛋糕及水果塔。

在小食里，我最爱的是司康。相较于其他花哨的甜点，司康饼的纯手工制作，更容易带给顾客感动的味道，搭配店家自制的茶酱与奶油，淳朴英式乡村风情扑面而来。吃司康一定要有茶酱和奶油。茶酱说简单点，就是用茶水和果干熬成的果酱，而奶油要打发成松软的奶油泡。吃司康的时候，先涂一些茶酱，再涂奶油，吃完一口，再涂下一口。

除了小食用的三层架，英式下午茶还有一套讲究的器皿。包括瓷器茶壶（两人壶、四人壶或六人壶，视招待客人的数量而定），滤网球及放滤网球的小碟子，描金或者画有玫瑰的骨瓷茶杯和碟子，糖罐，奶盅，茶匙（茶匙正确的摆法是与杯子成45°），七英寸个人点心盘，茶刀（涂奶油及果酱用），吃蛋糕的叉子，放茶渣的碗，餐巾，一瓶鲜花，茶壶保温罩，切柠檬器，木头托盘（端茶品用）。另外蕾丝手工刺绣桌巾或托盘垫是维多利亚下午茶很重要的配备，因为其象征着维多利亚时代贵族生活的重要家饰物。其他的就看情况而定，比如我还见过麻布印花的茶壶垫，内层里面有干花和茶叶，靠着茶壶散发的温度会挥发出淡淡的清香。

不过，我觉得喝下午茶，最重要的还是喝茶人的心境。没有悠闲散漫的情绪，再好的下午茶也会索然无味。还是先准备一缕品茶的心绪吧。

野生红茶

合心合意的好运气

能碰到一款合心意的茶是运气，而碰到合心意的红茶尤其是野生红茶更是难上加难。野茶茶树生长在原始的草丛植被当中，无人管理，当然也不会使用农药、化肥，味道非常干净，充满山野气息。

在马连道逛茶城，开茶室的小杨带我去了一家店。店主是个能说会道的小姑娘，喝喝茶，聊聊她做茶杀青的一些经历，是个懂茶的人呢。我就多坐了一会儿。喝完福鼎白茶，她拿出来2013年做的一款红茶。

瀹泡出来，喝了一口，便一下子抓住了我。红茶我喝过不少，最喜欢的是烟正山小种，不是其他的红茶不好，而是"适口者珍"，烟正山小种的烟火气糅合了红茶的果蜜花香，变得不那么腻人，喝起来爽利多了。后来也找过很多种云南野生红茶，一般都是用大叶种茶树制成，我却没找到合心意的。要说滇红，还是凤庆传统的制法要好很多。

那次喝到的野生红茶，条索倒不肥大，而且也不是当年的茶，可是喝起来，回味悠长，汤感直接而清晰，非常有张力。喝了一会，两颊微微发热，后背也微微出汗，感觉很舒畅。问店主这款茶的名字，她却没说。问了问店主的家乡，原来是宁德，是大白毫、白琳工夫和坦洋工夫的产地呢。

我买了一些拿回办公室，不久后一位同事来我办公室谈工作，我就泡了这款野生红茶。他是个平常不怎么喝茶的人，那天很突然地说，这茶不错，有很悠远辽阔的感觉。你看，一款好茶实际上不需要你有多么深的品茶技巧，只要静心品味，就能有所感受。

这种感受，其实更多的是一种"舒服"——这是一种心灵的自由，在喝茶的那片时片刻，觉得放下了其他的一切，就是在品饮这一杯茶。而这款野生红茶，它把"野"字表现得很好，不是粗野，而是不受束缚。

泡茶也好，制茶也好，首先应该向先贤学习，虽然我们无法看到当时的场景，然而，茶汤流过，没有留下艺术，留下的却是精神。现在很多人过分在乎泡茶的流程、动作，过分追求某种茶器，过分追求某个山头的茶叶，追求得越多，分散的精力就越多，得到的就不那么单纯，也不那么有力量。这款野生红茶，在它生长的时候没有受到那么多的追求和期望，因而得到了一种单纯的味道，我在喝茶的时候也似乎可以感受到它在山间生长那种无拘无束的快乐。

这款茶产量不多，得到实在是碰运气。如此，更让我想念它昔日的样貌，想了想，我在宣纸上写了两个字：昔颜——这是我送给它的名字。

福建野生红茶

涌溪火青

坚守二十个小时的雅债

涌溪，是安徽泾县城东70千米的涌溪山；火青，是炒、是焓，即老火炒的珠茶。涌溪火青，说是珠茶，正规的叫法是"腰圆"，不是纯正的圆形，是长圆，中间微凹，像个腰子。

喝茶相比抽烟，总被认为是一个更受欢迎的爱好。其中有一个重要的原因就是，抽烟似乎是一个很烧钱的事情，还影响身体健康，更可恶的是，吸二手烟受到的伤害更大。我理解后者，但对"吸烟太烧钱了"则报以苦笑——茶事尚俭，可是喝茶只会比抽烟更烧钱！

这个烧钱分成两大类：一类是你对器物的要求带来的。大部分茶人如我，不太会发现茶器的替代品，也不能凭借自己的影响力与执着，把一件普通的茶器变成传世经典。所以，会经常看到爱不释手的器物——就拿匀杯来说，先是玻璃的，有圆有方、有大有小；忽而又看见了瓷的，有青有白；再而又流行了陶的，有把无把，尖口片口；后来又看见了日本玻璃的，有光滑的，还有锤纹的……这可怎一个折腾了得？一个漂亮的匀杯，怎么也要200块左右，更遑论其他小件，君不见，一个杯托都要上千了……还有一类，是对茶叶光怪陆离的喜好带来的。贪念者如我，喝过300多种茶了，看见没喝过的，还是垂涎。你要找小众的茶、老的茶，并不完全是缘分，那是很"烧钱"的。我喝过陈放90年的普洱、陈放40年的老绿茶、陈放30年的老乌龙、陈放20年的老寿眉、陈放10年的老红茶，还喝过好几千一泡的"88青"……然而至今也没有"成仙"，觉得很是对不起它们。

一旦对生活有所求时，往往就不能静心。在机场喜欢买书，因为飞机上只能看书。然而在书架前会很迷茫——机场书店的书是旗帜鲜明的两派：一派让你拼命去抢、去争、去战斗，一派让你平和、放下、受苦。在这矛盾的漩涡中，你静不下来。喝茶是途径，让你神思超然，超然了就放下了，然而你还没放下，发现钱不够，于是心又不静。

心不静，很多茶，尤其是绿茶就喝不了。2015年春，很多人涌向茶山，我倒觉得，不是茶商，你去凑这个热闹干什么？茶山上乱哄哄的，茶都不好了。然后就收到了一些茶友送的"争光"龙井，希望给自己脸上争光嘛。很不厚道的是，我还要编排人家："龙井茶喝的是深沉的清和，你比我心还乱，喝不出来，所以，不是你糟蹋茶，就是茶糟蹋你。"

我不想糟蹋龙井，索性喝口涌溪火青。好的涌溪火青，茶园都在"坑"里。安徽人把两山夹涧或者两山之间狭长地带叫作"坑"，涌溪火青最好的茶园在盘坑的"云雾爪"和石井坑的鹰窝岩。"鹰窝岩"好理解，老鹰做窝的岩巅，海拔既高，风清且明，当是出产好茶的要件之一。

"云雾爪"就比较诡异了，难道此地能修炼到把云雾凝成爪子，准备采茶？后来请教了一些当地茶农，茶农笑了："哪有什么爪子？那个地方叫作'云雾罩'。"——明白了，云雾笼罩的地方，好茶生长的另一个要件。

涌溪火青用的是当地的大柳叶茶种，好的成品茶，色泽乌润油绿，冲泡后缓慢舒展，香气高浓，水仙、兰花等花香交织起伏；茶汤甘甜醇厚，韵味宜人，一般泡个五六遍不失本真。这哪像绿茶？倒有点像乌龙茶了。

这么深厚的功力，来源于苦功。涌溪火青关键工序之一的"掰老锅"，需要不眠不休连续炒茶（当地叫作"焙干"）18个小时，加上前面的杀青、揉捻等工序，制作合格的传统涌溪火青需要20个小时。铁打的人也受不了啊，以前是两班倒，后来有了炒球型茶机，可以用机器了，掰老锅时间也可以减少到10~12小时，然而机器只会按照既定的程序去做，还是要有人晚上起来四五次，调整茶叶整体形状，以防炒偏。

　　要想喝涌溪火青，不只是喝茶人难以找到合心意的，就是制茶人，也是一身难以承受的"雅债"啊。这种坚守，还能持续多久？还会有年轻茶农愿意陪着茶一起经历难以言喻的苦楚，而等待、期望产生同样不可言喻的茶香么？

● 涌溪火青

星野玉露

异国播散的茶香

日本福冈以茶叶著称，而最为高级的茶叶都产自星野村。星野村在日本被称为"最美丽的村落"，得名于旁边的星野川。当地人对清新的空气和清澈的水源十分自豪，在如此干净唯美的地方，出产的茶叶是全日本最为高级的蒸青——星野玉露。

明朝永乐四年（公元1406年）的一天，在苏州游学的日本高僧荣林周瑞与寺僧们依依惜别，准备返回故里。几个月前，他从印度朝拜佛祖胜迹后，又不远千里来到苏州灵岩山寺，只为拜会曾应诏参加编纂《永乐大典》的灵岩山寺住持南石禅师，希望精进佛法。南石禅师叮嘱他禅在生活之中，修行不离农桑。于是生性向往自然的荣林周瑞在灵岩山寺住了下来，一面参禅，一面务农。寺里有不少茶树，种茶采茶成了荣林周瑞最喜欢的劳作。在他即将返国之际，南石禅师特意以灵岩山寺的茶籽和佛像经书相赠，愿佛法广为流传。

荣林周瑞禅师回到日本，来到九州岛的黑木町大瑞山，这里松木苍郁，岩石重叠，土地肥沃，他便将茶籽就地种下。600多年后的某一天，这灵岩山寺茶树的后裔——一罐八女星野玉露静静地出现在我的面前。

传统的日本玉露必须选用不经修剪、自然生长10年以上的茶树，而星野玉露每年立春后第88天开始采摘。在采摘前大约20天，新芽刚刚开始形成，茶树就必须保持90%的遮阴面积，茶园被竹席、芦苇席或黑网布遮盖起来。光线

减少可以使小叶片具有更高的叶绿素含量和较低的茶多酚含量，茶多酚降低了，茶叶的苦涩口感也降低了，同时有利于氨基酸的形成，而氨基酸是重要的呈鲜物质。由于遮阴会消耗茶树的能量，逐渐恢复则需要一段时间，所以玉露茶一年只采收一次。

在广泛使用机械采收茶叶的今天，传统的玉露仍然坚持手工采摘。采摘的新鲜柔软的叶子迅速被运去工厂，使用蒸汽杀青，蒸约30秒以保持风味和阻止发酵。接着，用热空气使茶叶变软，然后挤压，干燥，直至其水分降到原有含水量的30%左右。然后继续揉捻，双手按压茶叶成团再推散，重复多次，使茶叶变成纤细暗绿色的针状，然后挑出茶叶柄和老叶，再干燥。

星野玉露的冲泡比较特殊，但总之都倾向于低温。打开封袋，浓郁的蒸青清气扑面而来。使用开水烫个大茶碗，放入一茶勺茶叶，杯子的热力发散了茶香，是一股浓郁的海苔和粽叶清香。当水温降到40~45℃，缓慢注入茶碗中，浸泡大约2分钟，就可以饮用了。有少许的苦味和涩味，包容在浓郁的甜味中，依然是海风吹来海藻般的气息，又有隐隐的茶香。休息了一会，重新烧水，放凉至60~65℃，再次冲泡，大约2分钟，这次的感受是海苔味弱了不少，然而茶气有所上升，也出现了绿茶应有的苦感。继续烧水，水温在90℃左右，进行第三次冲泡，浸泡3分钟左右，茶汤中出现了涩味，茶叶的精华已经全部浸出了。

玉露的精华在第一、第二泡，我也曾经见过第一泡先用带有冰块的冰水浸泡10分钟出汤，再使用热水冲泡两遍的，都是源于对好茶的爱惜。

茶果
配茶正讨喜

喝茶最适宜的茶点也许就是干果了——不占肚子，又能消磨时光，还有独特的香气。咸味的干果对茶的影响不是很大，而甜味的干果对茶的影响就比较明显，尤其是显得茶汤会比较苦涩。但也不是不能用，降低糖度即可。

我把喝茶分成三类：看茶、品茶、喝茶。看茶仿佛时下比较流行，茶是用来看的，重点不在喝。而且似乎有些茶会偏向阴暗的调子，其实可以作为茶表演的一种，没有对错。然而，这样的茶会往往泡出来的茶令人啼笑皆非——经过美轮美奂的花式表演，拿到了一杯温凉的茶汤，实在是糟蹋啊。所以此类，茶不过是个道具而已。品茶就是三五茶友清饮，彼此有不同的饮茶经验，也会交流一番喝的茶的状况，重点是茶了。喝茶，就是老老实实喝，作为生活的一个点滴，没有比较，没有目的，没有得失，就是喝而已。

喝得多了，觉得需要转换味觉，肠胃也有寡淡之感，想吃点东西。上个包子，那是晚饭，和茶不配；如同英国下午茶上些点心，那仿佛主角变成了点心。喝茶最适宜的茶点也许就是干果了——不占肚子，又能消磨时光，还有独特的香气。可是也不能直接上没有加工过的干果，好像又变成了串门儿别人给你抓把花生的民俗感，把干果加工一下，不仅有小小的仪式感，还体现你满满的喝茶心意。

我自己比较喜欢的配茶干果有盐烤银杏、海盐花生和琥珀桃仁。银杏也叫白果，是银杏树的种子，有小毒，所以不宜多吃，成人每天食用一般不宜超七颗。而银杏入肺、肾经，敛肺气，定喘嗽，止带浊，治哮喘，如果能以盐为引，效果更好。在银杏果壳上开个口子，用粗盐撒上厚厚一层，作为导热媒介，顺便还能有些咸味，一起放入已预热的烤箱，用170℃烤15~20分钟，烤至爆裂即可。

花生虽然是常见的干果，可是它的香味却是很难被超越的。把生花生米淘洗干净，和盐一起放入碗里，倒入开水，浸泡1~2个小时入底味。再把泡好的花生米沥干水分，平铺在烤盘上，放入预热好200℃的烤箱，烤8分钟左右，直到有部分花生米的红衣开始微微裂开。取出烤盘轻轻晃动，使烤盘里的花生米翻面，将烤箱温度降低到120℃，再烤5~8分钟，就可以了。在干燥的环境中将烤好的花生米晾凉，搓去红色内皮，撒一点点海盐拌匀就可以食用了。毕竟，喝茶的时候如果有花生的红色内皮飞来飞去，那可能有点煞风景。

琥珀桃仁是常见的核桃加工方法，可是要做好并不容易。我曾经在超市买了一大包琥珀桃仁，结果打开一看，那不是琥珀，那就是糖霜——不是所有裹一层糖都可以叫"琥珀"的。琥珀是透明的糖液，干燥后透明如琥珀，其他的那是裹糖衣，如果糖衣呈现白色，则称之为"挂霜"。要想达到琥珀的效果，糖液要加热到焦糖化，呈现特殊的蜜糖香气，桃仁也必须事先炸过，趁热入焦糖内翻炒裹匀即可出锅晾凉，没有完全冷却时撒上炒过的白芝麻，色泽更为丰富，味道也更香。

一壶清茶，三五好友，几碟茶点小干果，不论太阳明媚还是细雨霏霏，都是人生好时节。

人除非自己醒来，否则无人可凭靠。

人们总是问我：你为什么吃素？我觉得，也许这个问题是所有素食者被问得最多的一个问题。

我想给自己找一个堂皇的理由，这些理由比比皆是——环保、慈悲、信仰……然而，就像素食一样，我觉得干干净净地回答最好：我觉得我可以吃素了。

"我可以吃素了"和"我觉得应该吃素"还是有很大差别的。大约在2004年我觉得自己应该开始吃素了，也便断断续续地吃素，比如初一和十五。然而，不好坚持，我对肉食还有渴望，我对吃荤的念头还需要压制。我不想给自己找借口，而又觉得自己这样太辛苦，便一直没有食素。

这期间最纠结的不是信仰问题，而是人的"福德"。由于工作和爱好的原因，我能接触全世界各种各样的美食——布列塔尼的蓝色龙虾，关东关西的海参，四只就可以一斤的南非鲍，阿拉斯加的帝王蟹，俄罗斯的鲟鱼子，中国的野生大黄鱼，鸵鸟肉和牛肉、鹅肝酱……我一路吃下来，以为那就是美食家的荣耀之路。直到有一次，我被邀请看一场大型的蓝鳍金枪鱼解体秀，虽然它已经死去，望着我面前餐盘中很值钱的一大坨生鱼肉，我突然冷汗如雨下。我仿若在暗黑的禁闭室内问了自己一个问题：你何德何能，享受这么多不寻常的美食？

我觉得我吃素的机缘来了，我可以吃素了。从真正吃素（我是不吃一切肉，和佛教的净素不同）的那一天起，我没有怀念过肉，我可以慢慢发现蔬食的美好。

食素一年多，从业的餐饮集团有了棣Dee蔬食·茶空间这个平台。棣空间的蔬食风格也和一般素食馆不同，我们的素菜是比较绚烂的。并不是说枯寂不好，某种意义上说，禅的外相就是枯寂。然而，四十岁的我还不是枯寂的时候，那么，便绚烂吧。真的枯寂是绚烂至极乃平淡，如果还未经历绚烂便寻求枯寂，可能也不长久。

一个成人，除了自己想明白，否则没有什么可以强加给你，学习是如此，爱好是如此，吃不吃素也如此。抛开我的信仰，我没有觉得吃素一定比吃荤高贵，吃素一定比吃荤有品位，这是不能比较的事情。

然而，于我自己，一辈子能有一件事可以醒一次，挺好。

感谢我的师长们、朋友们对我的指点和鼓励，这本书能够出版，你们功不可没，我没什么可回报的，但我将记在心里，李韬在此一并谢过了。

这本书来源清净，我希望来之于素，行之于善。这本书的全部稿酬我将捐出，愿能增进世间的美好。

李韬
2016.10.9

图书在版编目（CIP）数据

蔬食真味 / 李韬著 . -- 南京：江苏凤凰科学技术出版社，2017.3（2017.5重印）
（汉竹•健康爱家系列）
ISBN 978-7-5537-7813-6

Ⅰ. ①蔬… Ⅱ. ①李… Ⅲ. ①菜谱－中国 Ⅳ. ① TS972.182

中国版本图书馆 CIP 数据核字 (2016) 第 320909 号

中国健康生活图书实力品牌

蔬食真味

著　　　者	李　韬	
主　　　编	汉　竹	
责 任 编 辑	张晓凤	赵　研
特 邀 编 辑	阮瑞雪	徐键萍
责 任 校 对	郝慧华	
责 任 监 制	曹叶平	方　晨

出 版 发 行	江苏凤凰科学技术出版社
出版社地址	南京市湖南路 1 号 A 楼，邮编：210009
出版社网址	http://www.pspress.cn
印　　　刷	南京新世纪印务联盟有限公司

开　　　本	787 mm×1092 mm　1/16
印　　　张	12
字　　　数	200 000
版　　　次	2017 年 3 月第 1 版
印　　　次	2017 年 5 月第 2 次印刷

标 准 书 号	ISBN 978-7-5537-7813-6
定　　　价	39.80 元

图书如有印装质量问题，可向我社出版科调换。